WEIXIU
DIANGONGJINENG
SHIXUN

维修电工技能实训

（初级）

编　著
———————
孙　巍

上海科学技术出版社

图书在版编目(CIP)数据

维修电工技能实训:初级 / 孙巍编著. —上海:上海科学
技术出版社,2014.1(2023.8 重印)
 ISBN 978 - 7 - 5478 - 2086 - 5

 Ⅰ.①维… Ⅱ.①孙… Ⅲ.①电工-维修-技术-培训-
教材 Ⅳ.①TM07

中国版本图书馆 CIP 数据核字(2013)第 269786 号

维修电工技能实训(初级)

编著/孙 巍

上海世纪出版(集团)有限公司 出版、发行
上 海 科 学 技 术 出 版 社
(上海市闵行区号景路159弄A座9F–10F)
邮政编码 201101 www.sstp.cn
苏州市古得堡数码印刷有限公司印刷

开本 787×1092 1/16 印张 9
字数:200 千字
2014 年 1 月第 1 版 2023 年 8 月第 6 次印刷
ISBN 978 - 7 - 5478 - 2086 - 5/TM · 44
定价:33.00 元

内容提要 Synopsis

　　本书编写过程中始终贯穿以维修电工初级标准为依据,以企业需求为导向,以职业能力为核心的理念,采用模块化的编写方式,适用于维修电工(初级)职业技能培训。全书分为 35 个课题单元,主要内容包括动力及照明电路的接线、调试与维修,低压电器及电机的拆装维修,电子电路的安装与调试,电气控制电路的接线与调试,电动机控制电路的维修等。本书在内容上,力求做到理论与实际相结合,符合循序渐进的教学要求。

　　本书整合了维修电工初级所需掌握的基本知识和技能实践,实用性强。适合高职高专、中等职业学校机电类相关专业使用,也适用于参加维修电工初级职业技能鉴定考前复习。

前言 Preface

近年来，我国高、中职业教育得到蓬勃的发展，以就业为导向的教学改革不断深化。职业教育教学改革应该同职业资格证书制度有效接轨。当前，两者未能有效接轨的障碍既有社会原因，又与高、中职院校现有教学模式及职业技能鉴定工作自身有关。一本既能适应职业教育又能与职业技能鉴定相结合的技能培训教材，已成为高、中职业技术院校教学改革实践的渴求。

作者系上海工程技术大学高等职业学院、上海市高级技工学校教师。在总结了多年培养生产第一线应用技术人才的基础上，调研了不同经济形式和不同技术应用程度的企业对生产一线技术人才的要求，咨询了行业高技能人才对岗位规范的要求，研究了国家相关职业技能鉴定标准，借鉴了工作任务分析法和CBE、EMS及双元制的职业教学模式，在整合上述各方面信息的基础上，编著了供高、中职业院校使用的教材。教材中各课题均按照人的认知规律和技能培养规律来设计，并将理论知识与实践操作相融合，各课题相对独立。课题顺序由浅入深、由易到难，形成岗位或岗位群以职业能力为核心的技能培训体系。

本教材适用范围广，可供高职高专、中等职业学校机电类相关专业使用，也可作为维修电工初级职业技能鉴定辅导教材；其中部分课题还可作为职业院校或企业职工单项职业技能培训或强化训练之用。

作者热诚期望本书能对职业教育作出微薄的贡献，由于作者的实践经验和理论水平有限，书中疏漏之处在所难免，恳请读者提出宝贵意见和建议。

编者

目 录 Contents

教学目的

(1) 能选择合适的白炽灯、门铃、插座等元件;掌握白炽灯、门铃、插座的安装方法。

(2) 能按工艺要求安装、调试由白炽灯、门铃、插座组成的照明线路。

(3) 能使用万用表检修白炽灯、门铃、插座组成的照明线路。

任务分析

掌握白炽灯、门铃、插座的安装方法,并根据图1-1所示完成白炽灯、门铃、插座照明线路的安装与调试及故障维修。

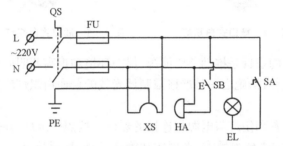

图1-1 白炽灯、门铃、插座照明线路原理图

基础知识

一、常用日光灯照明电路元件

1. 白炽灯

白炽灯是一种通过通电,利用电阻把幼细的钨丝加热至白炽,用以发光的灯。白炽灯的外围由玻璃制造,把灯丝保持在真空或低压惰性气体之下。为了防止断裂,灯丝多绕成螺旋圈式。40W以下的白炽灯内部抽成真空;40W以上的白炽灯在内部抽成真空后充有少量氩气或氮气等气体,以减少钨丝挥发,延长灯丝寿命。灯泡通电后,灯丝在高电阻作用下迅速发热发红,直到白炽程度而发光。由于白炽灯的发光效率较低,一般用于室内照明或局部照明。

(1) 白炽灯构造和文字符号如图1-2和图1-3所示。白炽灯按其出线端区分,有螺口式(图1-4)和插口式(图1-5)两种。

(2) 白炽灯的缺点是其热发光只有极少一部分转化为有用的光能,其寿命跟灯丝的温度有关,一般寿命在1000h左右,且颜色单一。

2011年国家发展和改革委员会公布《关于逐步禁止进口和销售普通照明白炽灯的公告》的政策是:至2012年9月30日为过渡期,2012年10月1日起100W及以上普通照明白炽灯进入淘汰期。2014年10月1日起60W及以上普通照明白炽灯将禁止进口和销售,2015年10月1日至2016年9月30日为中期评估期,2016年10月1日起15W及以上普通照明白炽灯停售,或视中期评估结果进行调整。

图1-2　白炽灯构造

EL

图1-3　白炽灯的图形文字符号

1—玻璃壳；2—灯丝；3—玻璃支架；4—引线；5—灯头

图1-4　螺口式白炽灯

图1-5　插口式白炽灯

我国绿色照明工程的宗旨是推动节约能源、保护环境和提高照明质量，以适应和服务于我国社会进步和现代化进程，措施之一是严格限制低光效的普通白炽灯应用。

2. 灯座

灯座是保持灯的位置和使灯与电源相连接的器件。按照固定灯泡的方式分为螺口灯座和插口灯座两种；按安装方式分为吊式、平顶式和管式三种；按材质划分有胶木、瓷质和金属之分；按用途分普通型、防水型、安全型和多用型几种。灯座外形如图1-6所示。灯具的安装高度，室外一般不低于3m，室内一般不低于2.4m，如遇特殊情况难以达到上述要求时，可采取相应的保护措施或改用24V安全电压供电。

(a) 螺口平灯座；(b) 螺口吊灯座；(c) 插口吊灯座

图1-6　胶木壳灯座

3. 开关

市场中供应的普通按键开关有单控（单联）和双控（双联）之分。单控开关的特点是通与断；双控开关的特点是上通下断或下通上断。单控开关只作灯的一地点控制通断作用；双控开关可作为两地分别控制灯通断作用。双联开关如图1-7所示，开关的文字符号如图1-8所示。室内照明开关一般安装在门边便于操作的位置上；拉线开关一般离地2～3m，跷板暗装开关一般离地1.3m，于门框的距离一般为150～200mm。

图1-7 双联开关　　　　　图1-8 开关图形文字符号

4. 熔断器和熔丝

熔断器是一种用作过载和短路保护的电器。RC系列插入式熔断器外形如图1-9所示。该熔断器的熔体绝大多数采用铅锡合金丝，成分为铅70%和锡30%。额定电流较大时，也有选用铜丝的。熔体材料与瓷座和瓷盖共同形成灭弧室，适用于不振动场合，如民用和工业的照明用路。熔断器文字符号如图1-10所示。

图1-9 RC系列插入式熔断器　图1-10 熔断器图形文字符号图　图1-11 熔丝

熔丝(图1-11)也被称为电流保险丝，IEC127标准将它定义为"熔断体"。由电阻率比较大而熔点较低的银铜合金制成的导线叫做熔丝。电路中正确安置熔丝，熔丝就会在电流异常升高到一定的高度和一定的时候，自身熔断切断电流，从而起到保护电路安全运行的作用。常用熔丝规格见表1-1。

表1-1 常用熔丝规格

直径(mm)	额定电流(A)	熔断电流(A)	直径(mm)	额定电流(A)	熔断电流(A)
0.28 0.32	1.1	2.2	0.81 0.98	3.75 5	7.5 10
0.35	1.25	2.5	1.02	6	12
0.36	1.35	2.7	1.25	7.5	15
0.40	1.5	3	1.51	10	20
0.46	1.85	3.7	1.67	11	22
0.52	2	4	1.75	12.5	25
0.54	2.25	4.5	1.98	15	30
0.60	2.5	5	2.40	20	40
0.71	3	6	2.78	25	50

5. 导线

导线在照明线路、电气控制线路中得到广泛应用。根据不同安装场所和用途，照明灯具使用的导线最小芯线截面积应符合表1-2所示的规定。

表1-2 照明灯具使用的导线最小芯线截面积表

名 称	型 号	规 格	标称截面(mm²)	用 途
单芯硬线	BV	1×1/1.13	1	暗线布线
塑料护套线	BVVB	3×1/1.78	2.5	明线布线
灯头线	RVS	2×16/0.15	0.3	不移动电器的连接
三芯软护套线	RVV	3×24/0.2	0.75	移动式电器的连接

6. 插座

插座是为移动照明电器、家用电器和其他用电设备提供电源的元件。根据电源电压的不同可分为三相四眼、单相三眼或二眼插座等,根据安装形式的不同可分为明装面板式(图1-12)、暗装式、导轨安装。

根据单相插座的接线原则即左侧零线,右侧相线,中间接地,将导线分别接入插座的接线桩内,如图1-13所示。应注意接地线的颜色,根据标准规定接地线应是黄绿双色线。插座的图形和文字符号如图1-14所示。

图1-12 单相插座、三相四眼插座

图1-13 单相插座的接线面板
1—零线接线端;2—相线接线端;3—接地线接线端

单相两孔扁插座　　单相三孔扁插座
图1-14 插座的图形文字符号

在实际安装中,暗装插座一般距地面高度在300mm以上,特殊场所如幼儿园、小学等,明装插座距地面高度应在1.8m以上。

7. PVC-U电工管

PVC-U系列无增塑钢性难燃PVC平导管及管件,参照采用DB33/186-1995标准设计和生产,广泛用于建筑工程之混内、楼板间或墙内作为电线导管(暗管),亦可作为一般配线导管(明管)及邮电通讯用管等。具有抗压力强、耐腐蚀防虫害、阻燃、绝缘等优异性能,施工中还具重量轻、运输安装方便、施工快捷等优点。

8. 门铃

门铃可以给客人叫门用。门铃(图1-15)的图形和文字符号如图1-16所示。

图 1-15 门铃

HA

图 1-16 门铃文字符号

二、白炽灯、门铃及插座照明线路组成

它由白炽灯、灯座、86 型单联开关面板、86 型门铃按钮面板、门铃、86 型线盒、86 型插座面板、导线及 PVC-U 电工管等组成。

技能训练

一、技能训练要求(考核时间 30 分钟)

(1) 根据课题要求,按照电路原理图完成线路的安装,线路布局美观、合理。

(2) 按照要求进行线路调试。

二、技能训练内容

(1) 根据要求设计线路。

(2) 在电路安装板上进行板前明线安装。导线压紧应紧固、规范,走线合理,不能架空。

(3) 检查接线正确无误后通电调试,如遇故障自行排除。

三、技能训练使用的设备、工具、材料

电工常用工具;指针式或数字式万用表;电气安装板一块;白炽灯、灯座、86 型单联开关面板、86 型门铃按钮面板、门铃、86 型线盒、86 型插座面板及 PVC-U 电工管;导线若干。

四、技能训练步骤

1. 按设计照明电路图进行安装连接

(1) 确定施工方案:照明线路应根据不同的场合、容量来选择合适配线方式。

(2) 准备施工:根据确定的施工方案及布置图准备施工材料及工具。

(3) 定位:根据布置(图 1-17),确定电源、开关、灯座的位置,并做好记号,根据确定的位置和线路走向划线,并根据电路图确定每一线条上导线的根数。

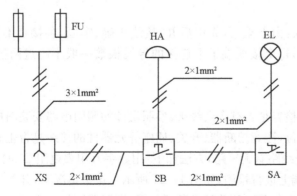

图 1-17 白炽灯、门铃、插座照明线路布置图

(4) 导线接入开关接线桩头(图1-18):相线过开关,零线一般不进开关。安装次序:相线→插座面板(XS)接线端L,零线→插座面板(XS)接线端N,接地线→插座面板(XS)接线端PE,相线→开关面板(SA)接线端→开关另一个接线端出线去→灯(EL)接线端→灯的另一接线端→零线,相线→门铃按钮面板(SB)接线端→门铃按钮面板,另一个接线端出线去→门铃(HA)接线端→门铃的另一接线端→零线。

(5) 固定熔断器:在电源进线位置处固定熔断器,熔断器作为照明线路的短路保护,本课题采用插入式熔断器,如果安装在配电箱内一般采用开关式熔断器。

(6) 将开关线接入螺口平灯座的中心上:用剥线钳剥去导线的绝缘层(约15mm),用尖嘴钳将线芯扳成90°,钳住线芯顺时针方向打圈,操作方法如图1-19所示。

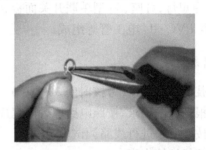

图1-18 开关的接线桩头连接　　　　　图1-19 单芯导线的打圈

(7) 零线接入螺口平灯座与螺纹连接的接线桩头上,相线接入螺口平灯座中心铜片的接线桩头上,操作方法如图1-20所示。

图1-20 灯座导线的接入

(8) 插座安装:相线(红色线)接电源相线(L),零线(蓝色线)接零线(N),黄绿双色线专作接地线(PE)。

(9) 接线注意事项:由上至下,先串后并,接线正确、牢固,各接点不能松动,敷线平直整齐,无漏铜、反圈、压胶,每个接线端子上连接的导线根数一般不超过两根,绝缘性能好,外形美观。

2. 通电检验

用肉眼观看电路,检查是否有多余线头,参照设计的照明电路安装图检查每条线是否严格按要求接,有没有接错位,注意熔断器、开关、插座等元器件的接线是否正确。

(1) 通电前应检查线路有无短路,方法如下:用数字万用表电阻200Ω挡,将两表棒分别置于两个熔断器的出线端上进行检测,如图1-21所示。正常情况下,开关处于闭合位置时应有阻值(阻值的大小取决于负载);开关处于断开位置(即开路)时,电阻应为无穷大。

图 1 - 21 通电前检查线路有无短路

（2）由电源端开始往负载依次顺序送电，在线路正常的情况下，接上电源合上开关 1 灯亮，断开关 1 灯灭；合上开关 1 灯亮，断开关 2 灯灭；合上开关 2 灯亮，断开关 2 灯灭；合上开关 2 灯亮，断开关 1 灯灭。插座处万用表检测时应用 220V 交流电压。

3. 常见故障分析

操作各功能开关时，若不符合要求，应立即停电，判断照明电路的故障，用万用表欧姆挡检查线路，并注意人身安全和万用表挡位。照明电路的常见故障主要有断路、短路和漏电三种。

（1）断路：相线、零线均可能出现断路。断路故障发生后，负载将不能正常工作。产生断路的原因主要是：熔丝熔断、线头松脱、断线、开关没有接通、铝线接头腐蚀等。断路故障的检查方法为：如果灯泡不亮，应首先检查是否灯丝烧断；若灯丝未断，则应检查开关和灯头是否接触不良、有无断线等。为了尽快查出故障点，对插入式熔断器可直接取下观察内装的熔丝有无熔断，也可用电笔测量输出电压，按图 1 - 22 所示方法握电笔分别测试两熔断器的下桩头。测量时，正常情况相线（火线）端电笔应发光，零线端应不发光，如测出的情况与上述不同，则熔断器熔丝熔断，取下后更换熔丝即可。

另外，也可用万用表进行测量：将万用表置于交流 250V 挡，两表棒置于两个熔断器的进线端，查看万用表有无电压，正常应为 220V，如果电压为零，则电源进线有故障，应检查上一级电源，如图 1 - 23 所示。将万用表的一表棒置于左侧熔断器的进线端，另一表棒置于右侧熔断器的出线端，查看有无电压，如有 220V，证明右侧熔丝完好，反之右侧熔丝熔断，可用同样方法测量左侧熔丝。

图 1 - 22 电笔检查相线

图 1 - 23 万用表检查线路电压

（2）短路：短路故障表现为熔断器熔丝爆断，短路点处有明显烧痕、绝缘碳化，严重的会使导线绝缘层烧焦甚至引起火灾。造成短路的原因主要有：用电器具接线不好，以致接头碰在一起；灯座或开关进水；螺口灯头内部松动或灯座顶芯歪斜碰及螺口，造成内部短路；导线绝缘层损坏或老化，并在零线和相线的绝缘处碰线。当发现短路打火或熔丝熔断时应先查出发生短路的原因，找出短路故障点，处理后更换熔丝，恢复送电。

（3）漏电：漏电不但造成电力浪费，还可能造成人身触电伤亡事故。产生漏电的原因主要有：相线绝缘损坏而接地，用电设备内部绝缘损坏使外壳带电等。漏电故障的检查：漏电保护装置一般采用漏电保护器。当漏电电流超过整定电流值时，漏电保护器动作切断电路。若发现漏电保护器动作，则应查出漏电接地点，并进行绝缘处理后再通电。照明线路的接地点多发生在穿墙部位和靠近墙壁或天花板等部位，查找接地点时，应注意查找这些部位。

4. 装接完毕

装接完毕后，经检查确认无误后方可通电调试。操作时注意安全。

五、技能考核

（1）设计电路图。

（2）按设计电路图进行安装连接。

课题 2 　**两地控制一盏白炽灯(一个插座)的综合照明线路安装与维修**

教学目的

（1）能选择合适匹配的白炽灯、开关、插座等元件。掌握单相插座安装方法。

（2）能按工艺要求安装、调试综合照明线路。

（3）能使用万用表检修综合照明线路中的故障。

任务分析

　　了解白炽灯的优缺点及适用安装场所，熟知照明灯具的安装规程；熟知插座的安装规程；熟知开关、导线、白炽灯及插座的图形符号。掌握白炽灯、插座照明线路的安装方法，并根据图2-1所示完成综合照明线路的安装、调试及故障维修。

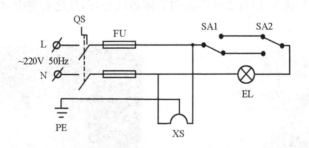

图 2-1　综合照明线路电路图

基础知识

　　综合照明线路的组成：在照明线路中，当同一个线路中既有照明控制又有插座的控制方式时称为综合照明线路，该电路由二控一照明线路与单相插座安装组成。在照明线路中，在两个不同位置分别安装开关，可以控制一盏灯的控制方式称为二控一照明线路。二控一照明线路一般用于楼梯上下，控制灯的亮灭，既方便使用又节约电能。

技能训练

一、技能训练要求(考核时间 30 分钟)

(1) 根据课题要求,按照电气原理图完成线路的安装,线路布局美观、合理。

(2) 按照要求进行线路调试。

二、技能训练内容

(1) 按照综合照明线路原理图进行电路线路安装。

(2) 按照综合照明线路的布置图在木板上进行元件安装。

(3) 检查接线正确无误后通电调试,如遇故障自行排除。

三、技能训练使用的设备、工具、材料

电工常用工具;指针式或数字式万用表;电气安装板一块;白炽灯、PVC 管、插座、86 型双联开关面板、86 型线盒、PVC－U 电工管;导线若干。

四、技能训练步骤

1. 按设计照明电路图进行安装连接

(1) 确定施工方案:照明线路应根据不同的场合、容量来选择合适的配线方式。

(2) 准备施工:根据确定的施工方案及布置图准备施工材料及工具。

(3) 定位:根据布置图(图 2－2),确定电源、开关、灯座的位置,并做好记号,根据确定的位置和线路的走向划线,并根据电路图确定每一线条上导线的根数。

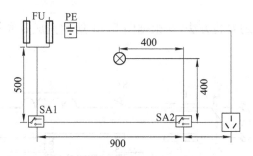

图 2－2　综合照明线路布置图

(4) 接线注意事项:由上至下,先串后并,接线正确、牢固,各接点不能松动,敷线平直整齐,无漏铜、反圈、压胶,每个接线端子上连接的导线根数一般不超过两根,绝缘性能好,外形美观。

2. 通电检验

用肉眼观看电路,检查是否有多余线头,参照设计的照明电路安装图检查每条线是否严格按要求来接,每条线是否有接错位,注意熔断器、开关、插座等元器件的接线是否正确。

(1) 通电前应检查线路有无短路。

(2) 由电源端开始往负载依次顺序送电,在线路正常的情况下,接上电源合上开关 SA1 灯亮,断开开关 SA1 灯灭;合上开关 SA1 灯亮,断开开关 SA2 灯灭;合上开关 SA2 灯亮,断开开关 SA2 灯灭;合上开关 SA2 灯亮,断开开关 SA1 灯灭。插座 XS 处万用表检测应用 220V 交流电压。

3. 常见故障分析

操作各功能开关时,若不符合要求,应立即停电,判断照明电路的故障,可以用万用表欧姆挡检查线路,并注意人身安全和万用表挡位。照明电路的常见故障主要有断路、短路和漏电三种,详见课题一的相关内容。

4. 装接完毕

装接完毕后,经检查无误后方可通电调试。操作时注意安全。

五、技能考核

(1) 设计电路图。

(2) 按设计电路图进行安装连接。

课题 3 日光灯照明线路的安装与维修

教学目的

(1) 熟悉日光灯照明电路,了解各元件的作用。掌握该照明电路的工作原理及故障分析。

(2) 能按工艺要求安装、调试日光灯照明线路。

(3) 能够使用万用表检修日光灯照明线路中的故障。

任务分析

掌握日光灯及各元件的安装方法,并根据图 3-1 所示完成日光灯照明线路安装、调试及常见故障维修。

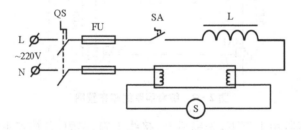

图 3-1 日光灯照明线路电路图

基础知识

日光灯又称荧光灯,光效较高,显色性能好,表面温度低,是目前使用最广泛的气体放电光源。在日光灯电路中,电流从插头的左侧插脚开始,流经镇流器、灯管的一根灯丝、启辉器中闭合的开关和灯管中的另一根灯丝,最后从插头的右侧插脚流出。电流会加热日光灯管两端的两个小元件,然后启辉器打开使电流通过日光灯。

一、常用日光灯照明电路元件

1. 灯管

灯管是日光灯照明电路发光源,有灯脚、灯头、灯丝、荧光粉、玻璃管组成。灯管内部结构如图 3-2 所示。日光灯两端各有一灯丝,灯管内充有微量的氩和稀薄的汞蒸汽,灯管内壁涂有荧光粉,两个灯丝之间的气体导电时发出紫外线,使荧光粉发出柔和的可见光。

2. 启辉器

启辉器是一个小型的辉光管,在小玻璃管内充有氖气,并装有两个电极。其中一个电极是用线膨胀系数不同的两种金属组成(通常称双金属片),冷态时两电极分离,受热时双金属片会因受热而变弯曲,使两电极自动闭合。启辉器实物与内部结构如图3-3所示。

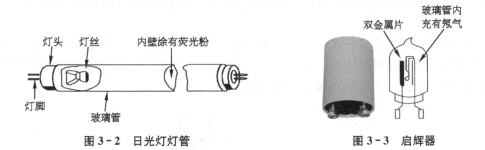

图3-2　日光灯灯管

图3-3　启辉器

3. 镇流器

镇流器有两个作用:一是在启辉器的配合下产生瞬间高电压(600V以上),使管内氩气电离放电;二是利用串联与电路中的高电抗限制灯管电流、延长灯管使用寿命,并起镇流作用。镇流器必须按电源电压和荧光灯管的功率选择,不能互相混用。镇流器图形文字符号如图3-4所示。

图3-4　镇流器图形文字符号

日光灯镇流器有以下三个作用:

(1)启动过程中,限制预热电流,防止预热电流过大而烧毁灯丝,保证灯丝具有热电发射能力。

(2)建立脉冲高电势,启辉器两个电极跳开瞬间,在灯管两端就建立了脉冲高电势,使灯管点燃。

(3)稳定工作电流,保持稳定放电。

电感镇流器是与日光灯管相串联的一个元件,实际上是绕在硅钢片铁心上的电感线圈,其感抗值很大。电感镇流器(图3-5)由于它的功率因数低,低电压启动性能差,耗能笨重、频闪等诸多缺点,它的市场慢慢被电子镇流器所取代。

电子镇流器(图3-6)是使用半导体电子元件,将直流或低频交流电压转换成高频交流电压,驱动光源工作的电子控制装置。由于采用现代软开关逆变技术和先进的有源功率因数矫

图3-5　电感镇流器

图3-6　电子镇流器

正技术及电子滤波措施,具有很好的电磁兼容性,降低了镇流器的自身损耗。电子镇流器多使用 20～60 kHz 频率供给灯管,使灯管光效比工频提高约 10%,且自身功耗低,使灯的总输入功率下降约 20%,有更佳的节能效果,它是取代电感镇流器的理想产品。

提示:镇流器不但具有限流降压作用(这个作用可用灯泡或电阻来代替),而且在启动时由于自感产生一个较高的电压,利于灯管的启辉点燃(这一作用是不能用灯泡或电阻代替的)。

4. 灯座

灯座的作用是用来固定日光灯管,引脚处有接线端子。常用的日光灯套件中由 1 个设有弹簧的灯座和 1 个固定灯座构成,每个灯座有 2 个电极。要安装日光灯管,请将灯管脚插入灯座并转动灯管,如图 3-7 所示,完成灯管的安装。

图 3-7 灯管脚插入灯座并转动灯管

二、日光灯工作原理

灯管开始点燃时需要一个高电压,正常发光时只允许通过不大的电流,这时灯管两端的电压低于电源电压。这个高电压,就由启辉器提供。

接通电源时,由于启辉器的氖泡内两金属片没有接通,电源击穿氖气导电,这时氖泡发光,氖气导电时发热,引起氖泡内的双金属片受热后弯曲度降低,同时接通两个电极,通过较大的电流达到日光灯启动时要求的高电压。之后,由于双金属片接通后氖泡中的氖气不再导电发光,温度迅速下降,双金属片恢复原状,迅速切断电源,镇流器的电流从较大值突然变为 0,产生很高的自感电动势,这个自感电压足以击穿日光灯的水银蒸汽,使水银蒸汽电离导电产生紫外线而激发荧光粉发光,日光灯管导电后,日光灯管两端电压下降(100 V 左右),这个电压不能再使氖泡导电(氖泡的击穿电压为 150 V 左右)发光,双金属片也不再接通,这时,日光灯就能连续发光。

三、日光灯照明线路常见故障分析

由于日光灯只有三个主要部件,因此,维修较简单。所有日光灯都会随着时间流逝逐渐变暗,并且可能开始闪烁或忽明忽暗,这些都是警告信号。当注意到日光灯的正常性能发生变化后,就应该进行必要维修。变暗的灯管通常需要更换,如果不更换灯管则可能导致灯具的其他部件损坏。同样,不断闪烁或忽明忽暗会消耗启辉器,从而导致启辉器绝缘层老化。

1. 灯管完全不发光

遇到这种情况可以按以下步骤检查:先启动室内其他灯具,看线路供电是否正常,电路供电正常,用测电笔检查开关接线柱,看接触是否良好。

检查日光灯电路首先从日光灯管开始,如果不确定灯管是否烧毁,请在另一日光灯中测试旧灯管,可以通过转动旧灯管将其从灯具插座中拆下,按照相同方法安装新灯管,将灯管脚插入插座并转动灯管使其固定。如果灯管没有故障,那么尝试更换启辉器。日光灯启辉器按功率分级,因此针对灯具中的灯管使用正确的启辉器至关重要。拆下旧启辉器的方法与拆下旧灯管的方法相同,通过转动将其拿出灯具插座(操作方法如图3-8所示)。安装新启辉器时,只需将其插入插座并转动以锁定到位即可。

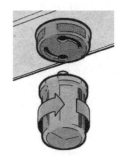

2. 灯管两端闪跳,不能正常发光

(1) 可能是整个电路的电压不足,此时可以开亮室内其他灯具,如发现灯光比平时暗,则可肯定是电路电压不足,待供电正常后,即可恢复正常。

(2) 可能是启辉器发生故障,这时可换新的启辉器(如果是急修,手头没有新的启辉器,可以拆开启辉器外壳,将并联在跳泡上的纸质电容剪去,作应急用,但必须尽快换上新启辉器)。

图3-8 启辉器拆卸

(3) 冬季室内温度太低,灯管起跳困难。这时可用热毛巾在灯管中部来回贴烫(千万不能用湿毛巾接触灯管两端铝壳,以防触电),灯管就能正常发光。

(4) 灯管使用日久,需调换新管。

3. 灯管两端发红,不久就自动熄灭

(1) 若是使用日久的灯管,从两端逐渐发黑,到最后透红,有一个渐变的过程,基本上可判定是灯管老化,灯丝即将烧断的前兆,调换灯管就能排除故障。

(2) 灯管使用一直正常,突然发生上述现象,大多是镇流器发生故障造成的,调换镇流器即可。

日光灯除了以上几种常见故障外,还可能出现一些特殊的故障(如冷爆),但不管什么故障,一般通过以上几个步骤检修基本能排除故障。

技能训练

一、技能训练要求(考核时间30分钟)

(1) 根据要求,按照电路原理图完成线路安装,线路布局美观、合理。

(2) 按照要求进行线路调试。

二、技能训练内容

(1) 根据要求设计日光灯线路。

(2) 在电路安装板上进行板前明线安装。导线压紧应紧固、规范,走线合理,不能架空。

(3) 检查接线正确无误后通电调试,如遇故障自行排除。

三、技能训练使用的设备、工具、材料

电工常用工具;指针式或数字式万用表;电路安装板一块;日光灯元件一套;导线若干。

四、技能训练步骤

(1) 先把两个灯座和启动器座装在灯架上。把镇流器固定在适当位置上,安装位置可参考图3-9所示,导线选择截面积1mm²的铜芯导线。

(2) 按设计日光灯照明电路图进行安装连接,不要漏接或错接。

(3) 使用接线螺母和压接型无焊连接器将灯具电线连接到线路,装接完毕,经检查无误后方可通电调试。

1) 电路连线正确,通电瞬间,观察启辉器和灯管发光的先后顺序。

2) 不通电前把启辉器拿下,再通电合上开关,观察灯管是否发光。

3) 电路通电后开关合上,日光灯正常工作时,把启辉器拿下,观察灯管是否发光。

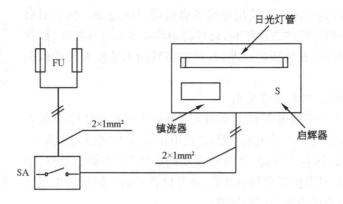

图 3 - 9　日光灯照明线路布置图

（4）装接完毕后，经检查无误后方可通电调试。操作时注意安全用电。

五、技能考核

（1）设计电路图。

（2）按设计电路图进行安装连接。

课题 4　安装直接式单相有功电能表组成的量电装置线路

教学目的

（1）能选择合适单相电能表、电流互感器等元器件。掌握单相电能表、电流互感器安装方法。

（2）能按工艺要求安装、调试经电流互感器接入的单相有功电能表线路组成的量电装置。

（3）能使用万用表检修线路中的故障。

任务分析

掌握单相电能表安装方法，并根据图 4-1 所示完成单相电能表线路安装与调试。

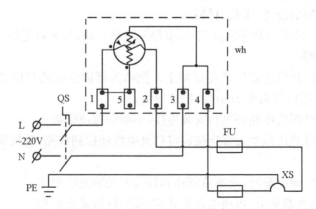

图 4-1　直接式单相有功电能表组成的量电装置原理图

基础知识

一、线路元件

1. 电能表

电能表又叫电度表,它是利用电压和电流线圈在铝盘上产生的涡流与交变磁通相互作用产生电磁力,使铝盘转动,同时引入制动力矩,使铝盘转速与负载功率成正比,通过轴向齿轮传动,由计度器积算出转盘转数而测定出电能。电度表主要由电压线圈、电流线圈、转盘、转轴、制动磁铁、齿轮、计度器等组成,如图4-2所示。

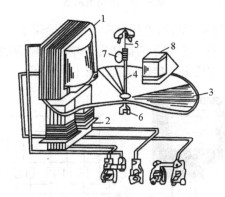

图4-2　电能表主要结构

1—电压组件;2—电流组件;3—铝制圆盘;4—转轴;

5、6—上、下轴承;7—计度器;8—制动磁钢

测量机构是电能表的核心部分,它包括以下五部分。

(1)驱动部分:也称驱动组件,由电压组件和电流组件组成。其作用是产生驱动磁场,并与圆盘相互作用产生驱动力矩,使电能表作旋转运动。

(2)转动部分:由铝制圆盘和转轴组成,并配以支撑转动的轴承。轴承分上、下两部分,上轴承主要起导向作用,下轴承主要用来承担转动部分的全部重量,它是影响电能表准确度及使用寿命的主要部件,因此对其质量要求较高。感应式长寿命技术电能表一般采用没有直接摩擦的磁力轴承。

(3)制动磁钢:由永久磁铁和磁轭组成,其作用一是在铝制圆盘转动时产生制动力矩使其匀速旋转,其次是使转速与负荷的大小呈正比。

(4)计度器:蜗轮通过减速轮、字码轮把电能表铝制圆盘的转数变成与电能量相对应的指示值,其显示单位就是电能表的计量单位,有功电能表的计量单位是 kW·h,无功电能表的计量单位是 kvar·h。

(5)辅助部件。

2. 单相有功电能表

单相电能表一般是民用表,接220V 的单相有功电能表可用来测量单相交流电路的有功电能。它是一种感应式仪表,主要由一个可旋转的铝盘和分别绕在铁芯上的一个电压线圈与一个电流线圈组成。常见的单相电能表实物如图4-3所示。

(1)单相电能表接线方式:我国住宅供电线路电压为 220V,频率为 50Hz,所选单相电能表的额定电压和适用频率应与此线路电压、频率一致。单相电能表共有5个接线端子,其中有

(a) 转盘式单相电度表　　　(b) 电子式单相电度表　　　(c) 静止式单相电度表

图 4-3　单相电能表

两个端子在表的内部用连片短接,所以,单相电度表的外接端子只有 4 个,由于电度表的型号不同,各类型表在铅封盖内都有 4 个端子的接线图。单相电能表的四个接线柱为:自左至右 1 相线进 2 相线出,3 零线进 4 零线出。接线方法如图 4-4 所示。

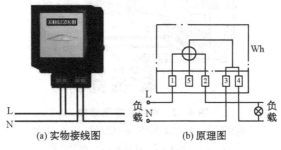

(a) 实物接线图　　　　　　(b) 原理图

图 4-4　单相电能表接线方式

(2) 单相电能表的安装与使用:

1) 合理选择单相电能表:选择电能表时,电流值选择最重要,也最复杂。其一是起动电流,即能够使转盘连续转动的最小电流;其二是最大额定电流相对基本电流的倍数。

电能表铭牌电流有:5(10)A、10(20)A、5(20)A。括号前的电流值叫标定电流,作为计算负载基数电流值,括号内的电流叫额定最大电流,能使电能表长期正常工作,且误差与温升完全满足规定要求的最大电流值。上述意思就是 5(10)A 的表比 10(20)A 和 5(20)A 最大允许使用电流小一半,5(20)A 的表和 10(20)A 的表最大允许使用电流是一样的,但轻负载的时候,5(20)A 的表计量更准确。

另外,老式表和新式表在性能方面有差异。老式电能表起动电流较大,一般为 5% ~ 10%;最大额定电流小,一般≤2。新式电能表起动电流小,约为 0.5%;最大额定电流大,一般为 2~4 倍,有的可达 6~8 倍。选用新电能表时一方面要注意负载最小电流不能低于起动电流,即 0.5%×≥5A=0.025A;另一方面长期使用的电流值不能高于最大额定电流值 20A。所以在选择电能表时,应考虑家庭用电器情况,并留有余量,倍数越大的表越贵。

2) 安装电度表:电度表通常与配电装置安装在一起,应该安装在配电装置的下方,其中心距地面 1.5~1.8m 处;并列安装多只电度表时,两表间距不得小于 200mm;不同电价的用电线路应该分别装表;同一电价的用电线路应该合并装表。安装电度表时,必须使表身与地面垂直,否则会影响其准确度。

3) 正确接线:要根据说明书的要求和接线图把进线和出线依次对号接在电度表的出线头上,接线时注意电源的相序关系,特别是无功电度表更要注意相序;接线完毕后,要反复查对无误后才能合闸使用。当负载在额定电压下空栽时,电度表铝盘应该静止不动。当发现有功电度表反转时,可能为接线错误造成,但不能认为凡是反转都是接线错误。下列情况反转属正常现象:

①装在联络盘上的电度表,当由一段母线向另一段母线输出电能时,电度表盘会反转。

②当用两只电度表测定三相三线制负载有功电能时,在电流与电压的相位差角大于 $60°$,即 $\cos\phi < 0.5$ 时,其中一个电度表会反转。

4)正确的读数:当电度表不经互感器而直接接入电路时,可以从电度表上直接读出实际电度数;如果电度表利用电流互感器或电压互感器扩大量程时,实际消耗电能应为电度表的读数乘以电流变比或电压变比。

二、单相电能表量电装置线路组成

直接式单相电能表量电装置线路有单相有功电能表、熔短器、导线、电源开关及插座等组成。

技能训练

一、技能训练要求(考核时间 30 分钟)

(1)根据课题要求,按照电路原理图完成线路的安装,线路布局美观、合理。

(2)按照要求进行线路调试。

二、技能训练内容

(1)根据要求设计线路。

(2)在电路安装板上进行板前明线安装。导线压紧应紧固、规范,走线合理,不能架空。

(3)检查接线正确无误后通电调试,如遇故障自行排除。

三、技能训练使用的设备、工具、材料

电工常用工具;指针式或数字式万用表;电路安装板一块;单相有功电能表、熔断器、单相插座;导线若干。

四、技能训练步骤

(1)根据课题要求,按照电路原理图 4-1 配齐电路中所需的元件,清单见下表,在规定时间完成线路安装。

直接式单相有功电能表组成的量电装置元件清单表

序号	名　称	型　号与规　格	单位	数量
1	单项电能表	DD118-5(10)A,220V	只	1
2	绝缘铝芯线	BLV-10mm²,300/500V	m	4
3	绝缘铜塑线	BV-2.5 mm²(1/1.76),300/500V	m	4
4	单相电阻性负载	白炽灯,220V/100W 或单相电炉,220V/1 500W	只	1
5	木制电路安装板	25mm×450mm×500mm	块	1
6	单相交流电源	～220V、10A	处	1
7	木螺钉	$\phi3.5×25\sim30$mm	只	12
8	电工通用工具	验电笔、钢丝钳、螺钉旋具、电工刀、尖嘴钳、剥线钳等		
9	劳保用品	绝缘鞋、工作服等	套	1

（2）按设计照明电路图进行安装连接，不要漏接或错接。

（3）装接完毕后，经检查无误后方可通电调试。操作时注意安全。

五、技能考核

（1）设计电路图。

（2）按设计电路图进行安装连接。

课题 ⑤ 安装经电流互感器接入单相有功电能表组成的量电装置线路

教学目的

（1）能选择合适单相电能表、电流互感器等元器件。掌握单相电能表、电流互感器安装方法。

（2）能按工艺要求安装、调试经电流互感器接入的单相有功电能表线路组成的量电装置。

（3）能使用万用表检修线路中的故障。

任务分析

掌握经电流互感器接入的单相有功电能表的安装方法，并根据图5-1所示的电路安装与调试。

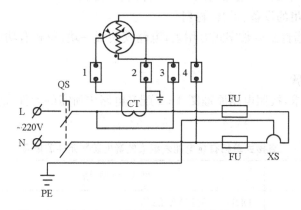

图5-1 带电流互感器单相电能表量电装置原理图

基础知识

一、元器件

1. 单相有功电能表

相关内容参考课题4。

2. 电流互感器

在测量交变电流的大电流时，为便于二次仪表测量需要转换为比较统一的电流（我国规定电流互感器的二次额定为5A或1A），另外由于线路上的电压比较高，若直接测量非常危险。所以采用电流互感器能起到变流和电气隔离作用，它是电力系统中测量仪表、继电保护等二次设备获取电气一次回路电流信息的传感器。电流互感器将高电流按比例转换成低电流,电流互感器一次侧接在一次系统,二次侧接测量仪表、继电保护等。

正常工作时,互感器二次侧处于近似短路状态,输出电压很低。在运行中如果二次绕组开路或一次侧绕组流过异常电流(如雷电流、谐振过电流、电容充电电流、电感启动电流等),都会在二次侧产生数千伏甚至上万伏的过电压。这不仅给二次系统绝缘造成危害,还会使互感器因过激而烧损,甚至危及人员生命安全。电流互感器在电力系统中一般被称为"CT",有些标注为:LH(流互的缩写),有些标注为:TI(电流变换的缩写)。常见的电流互感器外形如图5-2所示,图形符号如图5-3所示。

(a) LQG型单匝电流互感器　　(b) LMZ型穿心式电流互感器

图5-2　常见的电流互感器外形

图5-3　电流互感器图形符号

3. 电流互感器使用注意事项

(1)副边绕组必须可靠接地,以防止由于绝缘损坏后,原边高电压传入危及人身安全。

(2)副边绝对不允许开路,开路时互感器成了空载状态,磁通高出额定时许多(1.4～1.8T),除了产生大量铁耗损坏互感器外,还在副边绕组感应出危险的高压,危及人身安全。

(3)电流互感器安装时,应考虑精度等级,精度高的接测量仪表,精度低的用于保护。

(4)电流互感器安装时,应注意极性(同名端),一次侧的端子为L1、L2(或P1、P2),一次侧电流由L1流入,L2流出。而二次侧的端子为K1、K2(或S1、S2),即二次侧的端子由K1流出,K2流入。L1与K1,L2与K2为同极性(同名端),不得弄错,否则若接电度表的话,电度表将反转。

(5)电流互感器一次侧绕组有单匝和多匝之分,LQG型为单匝。使用LMZ型(穿心式)时,则要注意铭牌上是否有穿心数据,若有则应按要求穿出所需的匝数。穿心匝数以穿过空心中的根数为准,不是以外围的匝数计算(否则将误差一匝)。

(6)电流互感器的二次绕组有一个绕组和两个绕组之分,若有两个绕组,其中一个绕组为高精度(误差值较小)的,一般作为计量使用;另一个则为低精度(误差值较大),一般用于保护。

(7)电流互感器的联接线必须采用2.5mm^{2}的铜心绝缘线联接,有的电业部门规定必须采用4mm^{2}的铜心绝缘线。

二、单相电能表量电装置线路组成

使用电流互感器的目的是扩大电度表的量程,若需要使用互感器,必须将电度表输入1与电压线圈首端的连片去掉,电压线圈首端接电源火线,互感器S2端接地进行保护,以保护人身安全。

经电流互感器接入的单相有功电能表线路组成的量电装置线路有单相有功电能表、电流互感器、熔断器、导线、电源开关及插座等组成。

普通的单相表可以用于带互感器接入,但只能用规格为 1.5/6A 的表,超过这一规格的电表不能使用。电源经电流互感器接入单相电能表的接线方式如图 5-4 所示。

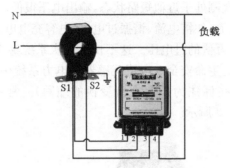

图 5-4 电流互感器接入单相电能表的接线方式

技能训练

一、技能训练要求(考核时间 30 分钟)

(1)根据课题要求,按照电路原理图 5-1 配齐电路中所需的元件,清单见下表,在规定时间完成线路安装。

带电流互感器单相电能表量电装置元件清单表

序号	名　　称	型号与规格	单位	数量
1	单项电能表	DD118-1.5/6A,220V	只	1
2	电流互感器(TA)	LMZ-0.5,40/5	只	1
3	绝缘铝芯线	BLV-10mm²,300/500V	m	4
4	绝缘铜塑线	BV-2.5mm²(1/1.76),300/500V	m	4
5	单相电阻性负载	白炽灯,220V/100W 或单相电炉,220V/1 500W	只	1
6	木制配线板	25mm×450mm×500mm	块	1
7	单相交流电源	～220V,10A	处	1
8	木螺钉	φ3.5×25～30mm	只	12
9	电工通用工具	验电笔、钢丝钳、螺钉旋具、电工刀、尖嘴钳、剥线钳等		
10	劳保用品	绝缘鞋、工作服等	套	1

(2)按照要求进行线路调试。

二、技能训练内容

(1)根据要求设计线路。

(2)在电路安装板上进行板前明线安装。导线压紧应紧固、规范,走线合理,不能架空。

(3)检查接线正确无误后通电调试,如遇故障自行排除。

三、技能训练使用的设备、工具、材料

电工常用工具;指针式或数字式万用表;电路安装板一块;电流互感器、单相有功电能表、熔断器、单相插座;导线若干。

四、技能训练步骤

(1) 按设计电路图进行安装连接,不要漏接或错接。

(2) 装接完毕后,经检查无误后方可通电调试。操作时注意安全。

五、技能考核

(1) 设计电路图。

(2) 按设计电路图进行安装连接。

课题 6 动力、照明及控制电路的安装与配管

教学目的

(1) 掌握动力、照明及控制电路中配管工艺。

(2) 能根据给定设备,在规定时间内完成动力、照明及控制电路安装。

(3) 能熟练掌握电工工具的使用。能执行电气安全操作规程。

任务分析

掌握动力、照明及控制电路中配管工艺,能根据使用场合正确选择合适的配管材料,完成动力、照明及控制电路安装。

基础知识

一、照明线路和动力线路的区别

动力线路是专门为机器用电铺设的电路;照明线路是专门为照明用电铺设的电路。用于照明及相同用途的小于等于 $4mm^2$ 的线套用照明线定额,用于动力或大于 $4mm^2$ 的照明线路套用动力线定额。插座线在 $4mm^2$ 以上时,不分动力和照明,统一套用动力配线定额。

住宅、写字楼之类的建筑,一般均是分户计量,以照明线路为主,普通插座和空调插座属于照明回路,楼房的电梯、供水设备、小区的各种给排水设备、换热站设备等属于动力回路。机关、企事业单位的办公楼,办公室内的普通插座属于照明回路,空调插座属于动力回路,通常没有动力配电箱的肯定没有动力回路,一般配电柜(箱)对各个空开都有注明。

照明回路一般是交流 220V,动力回路不一定都是交流 380V,在民用设备中也常存在交流 220V 设备接入动力配电箱,比如办公室内的空调插座等。消防设备有消防电源,不使用动力回路。另外、极少数空调插座有部分交流 380V、三相四线制的,就是四极插座的那种,属于动力,一般用于大型会议室、大企业的调度、监控、控制室。

二、动力、照明及控制电路的配管

1. 金属电线导管

建筑工程中金属导管实物外形如图 6-1 所示,按管壁厚度可分为厚壁导管和薄壁导管。

图 6-1 金属电线导管

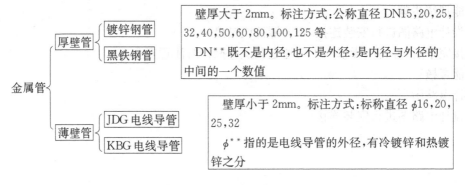

按钢管成型工艺可分为焊接钢管和无缝钢管。

（1）焊接钢管就是焊管，它是由钢带切割成窄钢条，然后用模具冷加工裹成管状，专用焊机接着将一条管缝焊接，外焊缝打磨光亮，精密焊管打内毛刺。

（2）无缝钢管就是用圆柱形钢锭热拉成管状，看不见焊缝承受压力比焊管大。

常用金属管连接配件实物外形如图6-2所示。

图6-2　常用金属管连接配件

金属电线导管直接对接头采用优质管材加工而成，双面镀锌保护，供管与管连接用。螺纹接头采用优质管材加工而成，双面镀锌保护，供管与盒连接用。专用弯管器由铸模浇铸成型，再经过精密加工而成，是现场弯曲相应管径的必备工具。直管接头采用优质管材加工，供管与管连接。

2. 塑料电线导管

用作电线导管的塑料管主要有 PVC、PE、高密度聚氯乙烯管等，小直径的管材用的比较多。塑料电线管一般用于临时性的建筑或室外，用于室外时需注意防水。

3. 标准包塑金属软管

标准包塑金属软管（俗称包塑蛇皮管）实物外形如图6-3所示，表面黑色光亮、平滑、无褶皱、自带阻燃，其主要用于电力电线电缆、信号线、控制线、光缆线路等线路的外绝缘保护。软管一般用于设备末端，电气工程中一般都是包塑金属软管，柔软性比较好，规范规定动力工程中末端长度不超过 0.8m，照明工程中软管长度不超过 1.2m。

包塑金属软管内牙式管接头实物外形如图6-4所示，能将无螺纹的钢管与包塑金属软管连接。软管护口又称牙圈或铁套，实物外形如图6-5所示。采用钢带表面镀锌，为使软管在施工过程中防止电缆电线拉拽破皮漏电而安装，用于包塑金属软管、镀锌金属软管的尾部。

螺母盖 橡胶圈 铁套 主体

整体外形

图 6 - 3 标准包塑金属软管　　　图 6 - 4 包塑金属软接头　　　图 6 - 5 软管护口

技能训练

一、技能训练要求(考核时间 30 分钟)

(1) 能根据给定的设备,在规定的时间内完成动力、照明及控制电路安装,达到课题规定的要求。

(2) 按要求进行安装连接,不要漏接或错接,线路敷设应规范,导线固定应紧固、整齐、美观,线夹距离合理,弯曲半径合适,不能架空。

二、技能训练内容

(1) 完成动力电气线路敷设。

(2) 完成室内照明线路导线敷设。

三、技能训练使用的设备、工具、材料

动力电气线路敷设:线路敷设板一块(1 200mm×600mm);HH4 - 15 型负荷开关;G20 电线钢管、弯头、BVR 型塑料绝缘电线(1.5mm^2)、ϕ20 金属蛇皮管及附件一套;接线盒一个,骑马夹、木护圈、螺钉、绝缘胶带、穿线用钢丝等若干;三相异步电动机 1 台;电工工具一套。室内照明线路导线敷设:线路敷设板一块(1 200×600);HK2 - 10/2 型开启式负荷开关(胶盖瓷底刀开关)一只;BVV 型塑料绝缘双芯护套电线(1mm^2)若干米;圆木台 2 个、拉线开关 1 个、螺旋式灯座 1 个、电线固定夹、木螺钉、1/2 英寸圆钉、绝缘胶带等若干;220V/40W 螺旋式白炽灯 1 只;电工工具一套。

四、技能训练步骤

1. 施工准备

(1) 作业条件:根据现行国家标准《建筑电气工程施工质量验收规定》(GB50303—2002)的规定:管内穿线在建筑物抹灰、粉刷及地面工程结束后进行,穿线前应将电线保护管内的积水及杂物清理干净。针对建筑电气安装项目逐渐增加,管内穿线的工程量随之增大,为配合工程整体同步竣工,管内穿线可以提前进行,但必须满足下列条件:

1) 混凝土结构工程必须经过结构验收和核定。

2) 砖混结构工程必须初装修完成以后。

3) 作好成品保护,箱、盒及导线不应破损及被灰浆污染。

4) 穿线后线管内不得有积水及潮气侵入,必须保证导线绝缘强度符合规范要求。

(2) 材料要求:

1) 绝缘导线:导线的规格、型号必须符合设计要求,并应有出厂合格证、"CCC"认证标志和认证证书复印件及生产许可证。导线进场时要检验其规格、型号、外观质量及导线上的标识,并用卡尺检验导线直径是否符合国家标准。

2)镀锌铁丝或钢丝:应顺直无背扣、扭结等现象,并有相应的机械拉力。

3)护口:根据管子直径的大小选择相应规格的护口。

4)安全型压线帽:根据导线截面和根数正确选择使用压线帽,并必须有合格证。

5)连接套管:根据导线材质、规格正确选择相应材质、规格的连接套管,并有合格证。

6)接线端子:根据导线的根数和总截面选择相应规格的接线端子。

7)辅助材料:焊锡、焊剂、绝缘带、滑石粉、布条等。

2. 工艺流程

选择导线→穿带线→扫管→带护口→放线及断线→导线与带线的绑扎→管内穿线→导线连接→接头包扎→线路检查绝缘摇测。

(1)选择导线:

1)根据设计图纸要求,正确选择导线规格、型号及数量。

2)穿在管内绝缘导线的额定电压不低于 450V。

3)导线的分色:穿入管内的干线可不分色。为了保证安全和施工方便,在线管出口处至配电箱、盘总开关的一段干线回路及各用电支路应按色标要求分色,L_1 相为黄色,L_2 相为绿色,L_3 相为红色,N(中性线)为淡蓝色,PE(保护线)为绿/黄双色。

(2)穿带线:

1)带线用 $\phi 1.2 \sim \phi 2.0$mm 的铁丝,头部弯成不封口的圆圈,以防止在管内遇到管接头时被卡住,将带线穿入管路内,在管路的两端留有 20cm 的余量。

2)如在管路较长或转弯时,可在结构施工敷设管路的同时将带线一并穿好并留有 20cm 的余量后,将两端的带线盘入盒内或缠绕在管头上固定好,防止被其他人员随便拉出。

3)当穿带线受阻时,采用两端同时穿带线的办法,将两根带线的头部弯成半圆的形状,使两根带线同时搅动,两端头相互钩绞在一起,然后将带线拉出。

(3)扫管:将布条的两端牢固地绑扎在带线上,两人来回拉动带线,将管内的浮锈、灰尘、泥水等杂物清除干净。

(4)带护口:按管口大小选择护口,在管子清扫后,将护口套入管口上。在钢管(电线管)穿线前,检查各个管口的护口是否齐全,如有遗漏或破损均应补齐和更换。

(5)放线及断线:

1)放线前应根据图纸对导线的品种、规格、质量进行核对。

2)放线:对整盘导线放线时,将导线置于放线架或放线车上,放线避免出现死扣和背花。

3)断线:剪断导线时,盒内导线的预留长度为 15cm,箱内导线的预留长度为箱体周长的 1/2,出户导线的预留长度为 1.5m。

(6)导线与带线的绑扎:

1)当导线根数为 2~3 根时,可将导线前端的绝缘层剥去,然后将线芯直接与带线回头压实绑扎牢固,使绑扎处形成一个平滑的锥体过渡部位。

2)当导线根数较多或导线截面较大时,可将导线前端的绝缘层削去,然后将线芯斜错排列在带线上,用绑线缠绕绑扎牢固,使绑扎接头处形成一个平滑的锥体过渡部位,便于穿线。

(7)管内穿线:

1)当管路较长或转弯较多时,要在穿线的同时向管内吹入适当的滑石粉。

2) 两人穿线时,一拉一送,配合协调。

3) 穿线时应注意下列问题:不同回路、不同电压和交流与直流的导线,不得穿入同一根管子内,但下列几种情况或设计有特殊规定的除外:电压为 50V 及以下的回路;同一台设备的电机回路和无抗干扰要求的控制回路;照明花灯的所有回路;同类照明的几个回路,可穿于同一根管内,但管内导线总数不应多于 8 根。同一交流回路的导线必须穿于同一钢管内。导线在管内不得有接头和扭结,其接头应在接线盒内连接。管内导线包括绝缘层在内的总截面积不应大于管子内空截面积的 40%。导线穿入钢管时,管口处应装设护日保护导线;在不进入接线盒(箱)的垂直管口,穿入导线后应将管口密封。

敷设于垂直管线中的导线,当超过下列长度时应在管口处和接线盒中加以固定:截面积为 50mm² 及以下的导线为 30m;截面积为 70~95mm² 的导线为 20m;截面积在 180~240mm² 的导线为 18m。

导线变形缝处,补偿装置应活动自如,导线应留有一定的余度。

(8) 导线连接:

1) 导线连接时,必须先削掉绝缘去掉导线表面氧化膜,再进行连接、加锡焊、包缠绝缘,同时导线接头必须满足下列要求:导线接头要紧密、牢固不能增加导线的电阻值;导线接头受力时的机械强度不能低于原导线的机械强度;导线接头包缠绝缘强度不能低于原导线绝缘强度。导线连接要牢固、紧密、包扎要良好。

2) 导线的连接应符合下列要求:当设计无特殊规定时,导线的连接方法有绑扎、套管连按、接线鼻子连接和压线帽连接;绑扎连接处的焊锡缝应饱满,表面光滑;焊剂应无腐蚀性,焊接后应清除残余焊剂;套管、接线鼻子和压线帽连接选用与导线线芯规格相匹配,压接时压接深度、压日数量和压接长度应符合产品技术文件的有关规定;剖开导线绝缘层时,不应损伤线芯;线芯连接后,绝缘带应包缠均匀紧密,在接线鼻子的根部与导线绝缘层间的空隙处,应采用绝缘带包缠严密;在分支连接处,干线不应受到支线的横向拉力。

(9) 接头包扎:首先用橡胶绝缘带将其拉长 2 倍从导线接头处始端的完好绝缘层开始,缠绕 1~2 个绝缘带幅宽度后,再以半幅宽度重叠进行缠绕,在缠绕过程中应尽可能收紧绝缘带,缠到头后在绝缘层上缠绕 1~2 圈后,再进行回缠。回缠完成后再用黑胶布包扎,包扎时要衔接好,以半幅宽度压边进行缠绕,同时在包扎过程中收紧黑胶布,导线接头两端应用黑胶布封严密。

(10) 线路检查绝缘摇测:

1) 线路检查:导线的连接及包扎全部完成后,应进行自检和互检,检查导线接头及包扎质量是否符合规范要求及质量标准的规定,检查无误后进行绝缘摇测。

2) 绝缘摇测:线路的绝缘摇测一般选用 1 000V 量程为 0~1 000MΩ 的绝缘电阻表。绝缘电阻表上有三个分别标有"接地(E)"、"线路(L)"和"保护环(C)"的端钮。可将被测两端分别接于"E"和"L"两个端钮上。线路摇测必须分两次进行。

① 管内导线穿后在电气器具未安装前进行各支路导线绝缘摇测。首先按户进行,将灯头盒内的导线分开,开关盒内的导线连通,分别摇测照明(插座)支线、干线的绝缘电阻。一人摇测,一人及时读数,摇动速度应保持在 120r/min 左右,读数应采用 1min 后的读数为宜,并应做好记录。

② 照明器具全部安装后在送电前,首先将线路上的开关、刀闸、仪表、设备等置于断开位置,一人摇测,一人及时读数,摇动速度应保持在 120r/min 左右,读数应采用 1min 后的读数为

宜,并做好记录,竣工归档,确认绝缘电阻的摇测无误后再进行送电试运行。

五、技能考核

1. 动力电气线路敷设

(1) 按安装图选择合适的材料敷设安装,用铁壳开关直接控制三相电动机线路。动力电气线路分布图见布局 1(图 6-6)、布局 2(图 6-7)、布局 3(图 6-8)、布局 4(图 6-9)、布局 5(图 6-10)。

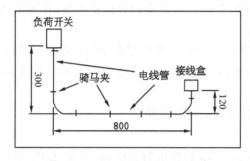

图 6-6 动力线路安装平面布局图 1

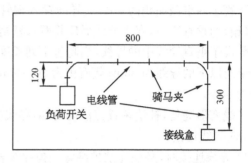

图 6-7 动力线路安装平面布局图 2

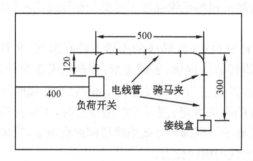

图 6-8 动力线路安装平面布局图 3

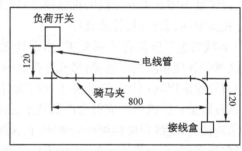

图 6-9 动力线路安装平面布局图 4

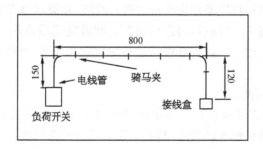

图 6-10 动力线路安装平面布局图 5

(2) 按安装图在模拟板上进行钢管敷线安装,钢管固定应紧固、规范,走线合理,不能架空。

(3) 电线管终端连接接线盒,电动机与接线盒之间用金属蛇皮管连接,蛇皮管两端用螺母固定,不能松动,与接线盒连接处应用骑马夹固定在鉴定板上。电动机外壳应接地,铁壳开关进线可通过断路器再用带插头的四芯橡皮线接到电源上。

(4) 通电调试。

(5) 画出用铁壳开关直接控制三相电动机电路的电气原理图。

2. 室内照明线路导线敷设

(1) 按安装平面图选择合适的材料敷设、安装用刀开关、拉线开关控制 1 只照明灯的线路,室内照明线路导线分布图见布局 1(图 6 – 11)、布局 2(图 6 – 12)、布局 3(图 6 – 13)、布局 4(图 6 – 14)、布局 5(图 6 – 15)。

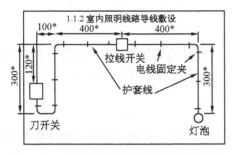

图 6 – 11　室内照明线路导线分布布局图 1

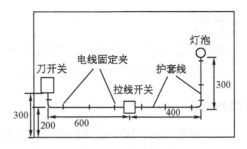

图 6 – 12　室内照明线路导线分布布局图 2

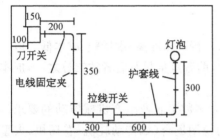

图 6 – 13　室内照明线路导线分布布局图 3

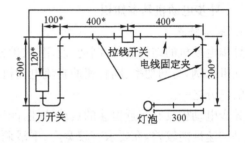

图 6 – 14　室内照明线路导线分布布局图 4

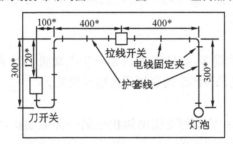

图 6 – 15　室内照明线路导线分布布局图 5

(2) 在线路敷设板上按安装平面图确定照明线路的走向及灯座、开关的准确安装位置。

(3) 按安装图用双芯护套线进行明线安装。

(4) 通电调试。

(5) 画出用刀开关、拉线开关控制 1 只照明灯电路的电路原理图。

课题 7　中、小型异步电动机的测试及检修

教学目的

(1) 掌握中、小型异步电动机工作原理。

（2）能根据给定的设备和仪表，在规定的时间内完成中、小型异步电动机的性能检测、调试等工作。

（3）能处理并维修中、小型异步电动机的故障。

（4）能执行电气安全操作规程。

任务分析

了解异步电动机工作原理，能根据使用场合正确选择合适的异步电动机，遇到电气、机械故障时，能对故障原因进行分析，并利用仪表、工具等快速进行故障判断、维修。

基础知识

异步电动机可分为感应电动机和交流换向器电动机，感应电动机又分为三相异步电动机、单相异步电动机和罩极异步电动机。

一、异步电动机基本知识

1. 基本特点

异步电动机的结构简单，制造、使用、维护方便，运行可靠性高、重量轻、成本低。以三相异步电动机为例，与同功率、同转速的直流电动机相比，前者重量只及后者的二分之一，成本仅为前者的三分之一。

异步电动机具有接近恒速的负载特性，能满足大多数工农业生产机械拖动的要求。其局限性是调速性能较差，在要求有较宽广、平滑调速的使用场合（如传动轧机、卷扬机、大型机床等）不如直流电动机经济、方便。此外，异步电动机运行时，从电力系统吸取无功功率励磁将导致电力系统的功率因数变坏。

2. 分类

三相异步电动机的种类繁多，有防爆型三相异步电动机、YS 系列三相异步电动机、Y 系列、Y2 系列三相异步电动机、YVP 系列变频调速电动机等。

二、单相异步电动机

单相异步电动机是靠 220V 单相交流电源供电的一类电动机，它适用于只有单相电源的小型工业设备和家用电器中。

1. 工作原理

在交流电机中，当定子绕组通过交流电流时，建立了电枢磁动势，它对电机能量转换和运行性能都有很大影响。所以单相交流绕组通入单相交流产生脉振磁动势，该磁动势可分解为两个幅值相等、转速相反的旋转磁动势和，从而在气隙中建立正传和反转磁场。这两个旋转磁场切割转子导体，并分别在转子导体中产生感应电动势和感应电流。该电流与磁场相互作用产生正、反电磁转矩，正向电磁转矩企图使转子正转；反向电磁转矩企图使转子反转，两个转矩叠加就是推动电动机转动的合成转矩。

2. 单相异步电机的应用

单相异步电动机功率小，主要制成小型电机。它的应用非常广泛，如家用电器（洗衣机、电冰箱、电风扇）、电动工具（如手电钻）、医用器械等。

3. 特征

（1）小型单相异步电机不只是在启动时，即使在运转时也使用辅助线圈和电容器，虽然启动转矩不是很大，但结构简单、信赖度高、效率高。

（2）可以连续运转。

（3）随负荷的大小，电机的额定转速也会改变。

（4）使用于不需要速度制动的应用场合。

（5）用 E 种绝缘等级，而 UL 型电机则用 A 种。

（6）有感应运转型单相异步电动机和三相异步电动机两种。

（7）单相电机为感应运转型异步电机，效率高、噪声低。

（8）单相电机的电源有 A（110V 60Hz）、B（220V 60Hz）、C（100V 50/60Hz）、D（200V 50/60Hz）、E（115V 60Hz）、X（200－240V50Hz）等。

（9）单相异步电机运转时，产生与旋转方向相反的转矩，因此不可能在短时间内改变方向。应在电机完全停止以后，再转换其旋转方向。

三、三相异步电动机

与单相异步电动机相比，三相异步电动机运行性能好，并可节省各种材料。按转子结构不同，三相异步电动机可分为笼式和绕线式两种。笼式转子的异步电动机结构简单、运行可靠、重量轻、价格便宜，得到广泛的应用。其主要缺点是调速困难。绕线式三相异步电动机的转子和定子一样也设置了三相绕组并通过滑环、电刷与外部变阻器连接。调节变阻器电阻可以改善电动机的起动性能，调节电动机的转速。

　1. 工作原理

三相异步电动机转子的转速低于旋转磁场的转速，转子绕组因与磁场间存在着相对运动而感生出电动势和电流，并与磁场相互作用产生电磁转矩，实现能量变换。

异步电动机的转子旋转速度总是小于旋转磁场的同步转速。在特殊运行方式下（如发电制动），转子转速可以大于同步转速。

由于三相异步电动机的转子与定子旋转磁场以相同的方向、不同的转速旋转，所以叫作三相异步电动机。三相交流异步电动机图形文字符号如图 7－1 所示。

图 7－1　三相交流异步电动机的图形文字符号

　2. 结构与组成

（1）定子（静止部分）：

1）定子铁心：定子铁心的作用是作为电机磁路的一部分，并在其上放置定子绕组。外形如图 7－2 所示。

2）定子绕组：定子绕组是电动机的电路部分，通入三相交流电，产生旋转磁场。

3）接线方式：定子三相绕组有星形接法（Y 接）、三角形接法（△接）两种，如图 7－3 所示。

定子硅钢片

装有三相绕组的定子

图 7－2　定子铁心

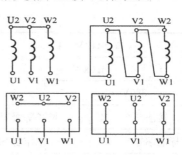

图 7－3　定子三相绕组的接线方式

（2）机座。

（3）转子（旋转部分）：转子是电动机的旋转部分，包括转子铁心、转子绕组和转轴等部件。

1）转子铁心：电机磁路的一部分，并放置转子绕组。一般用 0.5mm 厚的硅钢片材料冲制、叠压而成，硅钢片外圆冲有均匀分布的孔，用来安置转子绕组。

2）转子绕组：切割定子旋转磁场产生感应电动势及电流，并形成电磁转矩而使电动机旋转。根据构造的不同分为鼠笼式转子和绕线式转子。

① 鼠笼式转子：若去掉转子铁心，整个绕组的外形像一个鼠笼，故称笼型绕组。小型笼型电动机采用铸铝转子绕组，对于 100kW 以上的电动机采用铜条和铜端环焊接而成，如图 7-4 所示。

（a）笼型绕组　　　　　　（b）转子外形　　　　　　（c）铸铝笼型转子

图 7-4　笼型转子

② 绕线式转子：绕线式转子绕组与定子绕组相似，也是一个对称的三相绕组，一般接成星形，三个出线头接到转轴的三个集电环（滑环）上，再通过电刷与外电路联接（图 7-5）。

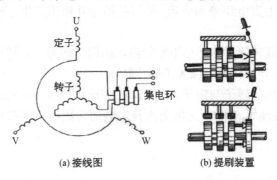

（a）接线图　　　　　　（b）提刷装置

图 7-5　绕线式转子异步电动机的转子示意图

（4）转轴：用以传递转矩及支撑转子的重量，一般由中碳钢或合金钢制成。

（5）其他附件：端盖、轴承、轴承端盖、风扇。

3. 铭牌（见下表）

三相异步电动机铭牌表

Y-112M-4			编号 023	
4.0kW			8.8A	
380V		1 440r/min		LW82dB
接法	防护等级 IP44		50Hz	45kg
标准编号	工作制 S1		B级绝缘	2011 年 2 月
上海福尔电动机有限公司				

（1）型号：Y112M‐4（图 7‐6）。

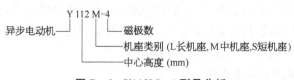

图 7‐6　Y112M‐4 型号分析

（2）额定功率 P_N：指电动机在额定运行状态下运行时，电动机轴上输出的机械功率，单位为 kW。

（3）额定电压 U_N：指电动机在额定运行状态下运行时，定子绕组所加的线电压，单位为 V 或 kV。

（4）额定电流 I_N：指电动机加额定电压、输出额定功率时，流入定子绕组中的线电流，单位为 A。

（5）额定转速 n_N：指电动机在额定运行状态下运行时转子的转速，单位为 r/min。

（6）额定频率 f_N：我国规定工频为 50Hz。

（7）额定功率因数 $\cos\phi_N$：指电动机在额定运行状态下运行时定子边的功率因数。

（8）接法：指电动机定子三相绕组与交流电源的联接。

4. 异步电动机常见故障的分析

（1）通电后电动机不能转动，但无异响，也无异味和冒烟。

故障原因和处理方法如下：

1）三相电源中至少二相未通造成，检查电源电路。

2）热继电器整定电流调得过小造成：调节热继电器电流整定值与电动机配合。

3）控制设备接线错误造成：改正接线。

（2）通电后三相异步电动机不转，随即熔丝烧断。

1）定子绕组相故障造成：查出故障点，予以修复。

2）熔丝截面过小造成：更换熔丝。

3）电源短路或接地造成：检查电路，消除接地点。

（3）通电后三相异步电动机不转，有嗡嗡声。

1）定子、转子绕组有断路造成缺相：查明断路点，予以修复。

2）绕组内部接错造成：检查电动机绕组同名端，判别接法是否正确。

3）电源回路接点松动造成：紧固松动的接线螺钉。

4）轴承卡住造成：修复轴承。

（4）三相异步电动机起动困难，带额定负载时，电动机转速低于额定转速较多。

1）电动机相电压过低造成：测量电源电压或检查电动机接法。

2）电动机定子、转子故障造成：查出故障点，予以修复。

3）电动机过载造成：减小负载。

（5）三相异步电动机空载，过负载时，电流表指针不稳，摆动。

1）转子导条故障造成：笼开转子断条，检查短路点并加以修复。

2）转子或电刷、集电环造成：检查电动机转子回路并加以修复。

（6）电动机内部冒火或冒烟。

1）电动机内部各引线的转接点不紧密或有短路、接地或电动机严重过载。

2）鼠笼式两极电动机在启动时,由于启动时间长,启动电流较大,转子绕组中感应电压较高,因而鼠笼与铁芯之间产生微小和火花,启动完毕后,火花也就消失了,检查电枢绕组的发热情况或当电动机不转时,测量其直流电阻并与出厂时数据相比较抽芯检查处理故障点;减小负荷,这种火花对电动机和正常运行是没有妨碍的。

（7）外壳带电、未接地或接地不良。

电动机绕组受潮绝缘有损坏,有脏物或引出线碰壳,按规定接好地线或清除接地不良处进行干燥修理或更换绝缘,清除脏物。

四、接地摇表

接地摇表又称兆欧表（图7-7）,用于测量被测设备的绝缘电阻和高值电阻,它由一个手摇发电机、表头和三个接线柱（即L:线路端、E:接地端、G:屏蔽端）组成。

1. 选用原则

（1）额定电压等级的选择:一般情况下,额定电压在500V以下的设备,应选用500V或1 000V的摇表;额定电压在500V以上的设备,选用1 000～2 500V的摇表。

（2）电阻量程范围的选择:摇表的表盘刻度线上有两个小黑点,小黑点之间的区域为准确测量区域,所以,在选用时应使被测设备的绝缘电阻值在准确测量区域内。

2. 使用方法

（1）校表:测量前应将摇表进行一次开路和短路试验,检查摇表是否良好。将两连接线开路,摇动手柄,指针应指在"∞"处,再把两连接线短接,指针应指在"0"处,符合上述条件即可使用,校表方法如图7-8所示。

图7-7　接地摇表图

图7-8　接地摇表校表

（2）被测设备与线路断开,对于大电容设备还要进行放电。

（3）选用电压等级相符合的摇表。

（4）测量绝缘电阻时,一般只用"L"和"E"端,在测量电缆对地绝缘电阻或被测设备的漏电较严重时,要使用"G"端,并将"G"端接屏蔽层或外壳。线路接好后,可按顺时针方向转动摇把,摇动的速度应由慢而快,当转速达到120r/min左右时,保持匀速转动,1min后读数,并且要边摇边读数,不能停下来读数。

（5）拆线放电:读数完毕,一边慢摇,一边拆线,然后将被测设备放电,放电方法是将测量时使用的地线从摇表上取下,并与被测设备短接一下即可。

3. 注意事项

（1）禁止在雷电时或高压设备附近测绝缘电阻,必须在设备不带电,也没有感应电的情况下测量。

（2）摇测过程中,被测设备上不能有人工作。

（3）摇表线不能绞在一起，要分开。

（4）摇表未停止转动之前或被测设备未放电之前，严禁用手触及。拆线时，不要触及引线的金属部分。

（5）测量结束时，对于大电容设备要放电。

（6）要定期校验其准确度。

五、钳形电流表

交流钳形电流表由于可在线路不停电的情况下随时测量电流，并且使用较简单方便，故深受广大电工的喜爱。钳形电流表分高、低压（图 7 - 9）两种。其使用方法如下：

图 7 - 9 数字式（低压）钳形电流表

（1）使用高压钳形表时，应注意钳形电流表的电压等级，严禁用低压钳形表测量高电压回路的电流。用高压钳形表测量时，应由两人操作，非值班人员测量还应填写第二种工作票，测量时应戴绝缘手套，站在绝缘垫上，不得触及其他设备，以防止短路或接地。

（2）观测表计时，要特别注意保持头部与带电部分的安全距离，人体任何部分与带电体的距离不得小于钳形表的整个长度。

（3）在高压回路上测量时，禁止用导线从钳形电流表另接表计测量。测量高压电缆各相电流时，电缆头线间距离应在 300mm 以上，且绝缘良好，待认为测量方便时，方能进行。

（4）测量低压可熔保险器或水平排列低压母线电流时，应在测量前将各相可熔保险或母线用绝缘材料加以保护隔离，以免引起相间短路。

（5）当电缆有一相接地时，严禁测量，防止出现因电缆头的绝缘水平低而发生对地击穿爆炸，或危及人身安全。

（6）数字式钳形电流表测量结束后把仪表关闭，指针式钳形电流表测量开关拨至最大电流程挡，以免下次使用时不慎过流。钳形电流表使用完毕应保存在干燥的室内。

技能训练

一、技能训练要求（考核时间 30 分钟）

根据给定的设备和仪器仪表，在规定的时间内完成中、小型异步电动机电气性能检测等。

二、技能训练内容

（1）电动机直流电阻测量：步骤要正确，能正确使用仪表。

（2）电动机绝缘电阻测量：步骤要正确，能正确使用兆欧表。

（3）电动机空载试验：能正确接线、运转，测量所需的数据（电流）。

（4）电动机常见故障分析，并写出检修方法与步骤。

（5）操作时注意安全。

三、技能训练使用的设备、工具、材料

电工常用工具;指针式或数字式万用表、兆欧表、钳形电流表;三相异步电动机;导线。

四、技能训练步骤

三相异步电动机内部结构有两部分,即"绕组"和"铁芯",一般铁芯的使用寿命比较长,绕组却容易损坏,因此绕组的检修成为电动机修理的主要内容。

电动机发生故障的原因有很多,大体上可分为电动机本身和外部电源引起的故障。电动机本身又归纳为电磁和机械两方面的故障。要准确判断和处理各种故障,除了要掌握基本原理之外,更加重要的是在现场反复实践,不断总结经验。

1. 电动机直流电阻的检查

使用万用表的欧姆挡,实测三相绕组的阻值近似则电动机正常。测试方法如图 7 - 10 所示。

测量各相绕组的直流电阻:U _____、V _____、W _____。

2. 绕组绝缘性能的检查

(1) 摇表检查:

1) 选定摇表等级,一般额定工作电压 380V 电动机应选择 500V 的摇表进行测量。

2) 在使用前需对摇表进行"校准",以确保测试的准确性。

(2) 操作方法:

1) 检查相线对地的绝缘电阻:摇表的一线路端(L)接电动机绕组,另一根线接电动机金属外壳,接好后,按 120r/min 的转速转动摇柄,指针为 0 时,表示绕组接地。测量电动机的绝缘电阻方法如图 7 - 11 所示。500V 以下的电气设备绝缘电阻应大于 0.5MΩ。测量各相绕组的对地绝缘电阻:U _____、V _____、W _____。

图 7 - 10 电动机直流电阻检查   **图 7 - 11   检查电动机相线对地的绝缘电阻**

2) 检查相线对相线的绝缘电阻:摇表的一线路端(L)接电动机绕组一相,另一根线接电动机绕组另一相。接好后,按 120r/min 的转速转动摇柄,500V 以下的电气设备绝缘电阻应大于0.5MΩ。测量电动机相线对相线的绝缘电阻方法如图 7 - 12 所示。测量各相绕组的相间绝缘电阻:U - V _____、V - W _____、W - U _____。

(3) 试灯检查:测量时,若灯泡发亮,说明绕组接地;灯泡微亮表明绝缘不良;灯泡不亮,说明绕组绝缘良好。有时灯泡虽不亮,测试笔接触电机时会出现火花,证明绕组尚未击穿,只是严重受潮。测试方法如图 7 - 13 所示。

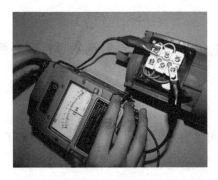

图7-12 检查电动机相线对相线的绝缘电阻

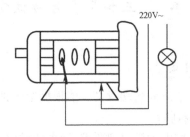

图7-13 试灯检查

3. 电源连接

根据电动机铭牌规定,在电动机接线盒内进行电源连接,具体绕组连接方法可参考图7-3。

4. 检测

通入三相电源,钳形电流表选择合适的电流挡位,将钳形电流表钳口分别钳入每相电源线,检测电动机各相电流。合格的电动机三相电流应该大致相等,测试方法如图7-14所示。注意:同时钳入多根电源线,钳形电流表读数为"0"。

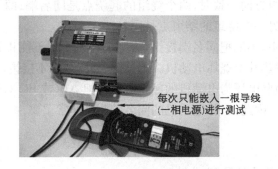

每次只能嵌入一根导线
(一相电源)进行测试

图7-14 钳形电流表检查电动机电流

五、技能考核

(1)完成三相异步电动机的定子绕组引出线首尾端判断,根据电动机铭牌进行连接并通电运行。

(2)三相异步电动机常见故障(故障现象任选一个)分析。

1)电动机过热,甚至冒烟。

2)运行中电动机振动较大。

3)电动机运行时响声不正常,有异声。

4)通电后电动机不转,有嗡嗡声。

5)通电后电动机不能转动,在无异响、无异味和冒烟现象时,分析故障原因及检修方法、步骤。

课题 8 三相异步电动机定子绕组引出线首尾端判断与安装调试

教学目的

（1）了解同名端意义。能根据给定的设备和仪表,掌握三相异步电动机的定子绕组引出线首尾端判断。

（2）按电动机铭牌要求,通电调试电动机。

（3）能执行电气安全操作规程。

任务分析

了解电动机同名端,能快速使用仪表进行三相异步电动机定子绕组引出线首尾端判断,并通电调试。

基础知识

同名端是指两个绕组方向一致时,两个绕组的起绕点是同名端;两个绕组方向相反时,其中一个绕组的起绕点和另一个绕组的结束点是同名端。

在三相异步电动机中,不能把同名端接错,否则电动机不但不能正常运转,而且三相电流严重不对称,可能导致发热甚至烧坏电动机。相反,只要同名端不接错,三相电流通入,电动机只存在正转与反转的差别(电压为电动机的额定电压),把 AB(或 BC、CA)两线交换一下,电动机就会按要求正常运行。因此,三相电动机的同名端测试非常重要。

技能训练

一、技能训练要求(考核时间 30 分钟)

根据给定的设备和仪器仪表,在规定的时间内完成三相异步电动机的定子绕组引出线首尾端判别、调试等工作,达到课题规定的要求。

二、技能训练内容

（1）三相异步电动机各相绕组测量。

（2）三相异步电动机的定子绕组引出线首尾端判别。

（3）根据三相异步电动机铭牌接线方式,画出定子绕组接线图。

（4）通电调试。操作时注意安全。

三、技能训练使用的设备、工具、材料

电工常用工具;指针式或数字式万用表、兆欧表;三相异步电动机;导线。

四、技能训练步骤

1. 用万用表或微安表判别首尾端

方法一:

（1）将万用表置电阻挡,对电动机接线盒 6 根引出线,2 根 2 根分别进行测量,确定三相绕组,如图 8-1 所示。具体方法是将红(或黑)表笔接其中一根引出线,黑(或红)表笔依次接触另外 5 根引出线,通路(指偏转较大,阻值较小)的两个出线端为一相,并作好标记(建议以打结或涂色为识别标记)以便和后面的两相作区分,以此类推将6条引出线分成三组。

(2) 给各相绕组假设编号为 A 和 X,B 和 Y,C 和 Z。

(3) 将万用表置电流微安挡。

(4) 万用表红、黑表笔接电动机其中一绕组的两个端点。

(5) 将电动机其他一相的两个端点先后接触9V电池(6F22电池)的负极和正极。

(6) 若万用表显示数字正向,则电池正极所接线头与数字式万用表负端(红表笔)所接线头为同名端;反之则电池负极所接线头与万用表负端(黑表笔)所接线头为同名端,如图8-2所示,黑点所标为首端(或尾端)即同名端。用同样的方法,判定另一相的首尾端。

图8-1 用电阻挡找出三相绕组中的各相绕组

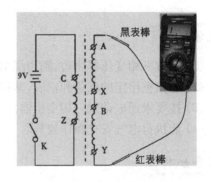

图8-2 同名端判别

方法二:

(1) 确定三相绕组(注意每一相检测出来之后均应作简单而明确的标志,以便区分三相定子绕组)。

(2) 星形连接确定三相绕组首端和尾端。

(3) 将万用表置微安挡。

(4) 将三相异步电动机三个绕组的各一端短接在一起接红表笔,将另三端也接在一起,然后接到黑表笔。

(5) 匀速转动电动机,观察指针偏转情况。

(6) 若指针几乎没有偏转,则各绕组所选的三根接在一起的线端即为同名端,否则应进行换线调整。

(7) 换线规律:将三绕组分别标示首尾,并预定端号,将其中一组绕组始终固定不变,作为基准,另外两组中任意一组的首尾对掉后,按具体方法(1)~(4)判别。若仍有偏转,则将另一组的首尾对掉,再按具体方法(1)~(4)判别,即可判别出正确的同名端。

2. 通电调试

观察电动机外壳上的铭牌,确定电动机额定工作电压时的电动机定子绕组接线方法(具体方法可参阅课题6)。

五、技能考核

(1) 完成三相异步电动机的定子绕组引出线首尾端判断,根据电动机铭牌进行连接并通电运行。

(2) 三相异步电动机常见故障分析。

1) 通电后三相异步电动机不能转动,但无异响,也无异味和冒烟。

2）通电后三相异步电动机不转，然后熔丝烧断。

3）通电后三相异步电动机不转，有嗡嗡声。

4）三相异步电动机起动困难，带额定负载时，电动机转速低于额定转速较多。

5）三相异步电动机空载，过负载时，电流表指针不稳，摆动。

课题 9　三相变压器同名端的判断、接线及故障分析

教学目的

（1）了解三相变压器原边、副边绕组同名端的判断方法。

（2）能根据给定的设备和仪表，掌握三相变压器原边、副边绕组同名端的判断。

（3）按要求通电调试三相变压器。

（4）能执行电气安全操作规程。

任务分析

了解三相变压器同名端，能快速使用仪表进行三相变压器原边、副边绕组判断，并通电调试。

基础知识

变压器的同名端，就是在两个绕组中分别通以交流电（或者直流电产生静止磁场），当磁通方向叠加（同方向）时，两个绕组的电流流入端就是它们的同名端，两个绕组的电流流出端是它们的另一组同名端。电力设备的变压器在使用多绕组变压器时，常常需要弄清各绕组引出线的同名端或异名端，才能正确地将线圈并联或串联使用。

变压器常见故障现象分析：

（1）变压器接通电源而无输出电压：其原因可能是引线或电源插头有故障，也可能是一次或二次绕组开路。

（2）变压器温升过高：其原因可能是一次侧或二次侧绕组短路，硅钢片间绝缘损坏，叠厚不足，匝数不足或过载。

（3）变压器噪声偏大：其原因可能是铁心未夹紧，电源电压过高、过载或短路。

（4）变压器铁心带电：其原因可能是一次侧或二次侧通地，绝缘老化，引起绝缘脱落碰到铁心或线圈受潮。

技能训练

一、技能训练要求（考核时间 30 分钟）

根据给定的设备和仪器仪表，在规定的时间内完成三相异步电动机的定子绕组引出线首尾端判别、调试等。

二、技能训练内容

（1）三相变压器副边绕组同名端的判断。

（2）三相变压器的接线。

（3）通电调试。

（4）操作时注意安全。

三、技能训练使用的设备、工具、材料

电工常用工具；仪表：指针式或数字式万用表、兆欧表；三相变压器；导线、电池等。

四、技能训练步骤

1. 三相变压器副边绕组同名端的判断

方法一：

（1）用数字万用表的电阻挡，分别找出三相绕组的同相绕组两个线头，如图9-1所示。

（2）给三相绕组的线头编号：1、2为一组，3、4为一组，5、6为一组。

（3）在一组绕组中接上电池，另一组接上数字万用表的电压挡（微伏挡），如图9-2所示。合上电池开关的瞬间，观察数字万用表的显示，如果为正电压，则数字万用表的正极与电池正极为同名端，反之，为异名端。

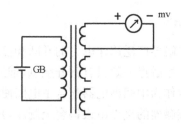

图9-1　判断三相绕组的同相绕组　　　图9-2　判断三相绕组的同相绕组

（4）将电池和开关接另一组绕组进行测试，可正确判别三组绕组的同名端。

方法二：将变压器的两个绕组并联，再与一个灯泡串接在交流电源上，这个交流电源的频率要与变压器磁心相适应，铁心变压器用工频，开关变压器用开关电源供电。调换其中任一绕组的两个头，然后与灯泡相串通电。比较两种接法，会发现亮度不同，亮度较暗的那一种接法，变压器相并的端子即是同名端。

2. 通电调试

观察三相变压器外壳上的铭牌，确定三相变压器额定工作电压、绕组的连接方法。

五、技能考核

（1）完成三相变压器原边、副边绕组同名端判断，根据变压器铭牌规定进行连接并通电运行。

（2）三相变压器常见故障分析。

1）变压器接通电源，无输出电压故障原因分析及检修方法与步骤。

2）变压器温升过高故障原因分析及检修方法与步骤。

3）变压器噪声偏大故障原因分析及检修方法与步骤。

4）变压器铁心带电故障原因分析及检修方法与步骤。

课题 ⑩ 交流接触器的拆装、检修及调试

教学目的

（1）了解交流接触器工作原理、结构。
（2）能根据给定的设备和工具，掌握交流接触器维修方法。
（3）按要求通电调试交流接触器。
（4）能执行电气安全操作规程。

任务分析

了解交流接触器原理、结构，能使用电工工具快速、正确地进行交流接触器的检修，并通电调试。

基础知识

交流接触器广泛用作电力的开断和控制电路。它利用主触点开闭电路，用辅助触点执行控制指令。主触点一般只有常开触点，辅助触点常有两对具有常开和常闭功能的触点，小型接触器也经常作为中间继电器配合主电路使用。

交流接触器的接点由银钨合金制成，具有良好的导电性和耐高温烧蚀性。交流接触器的动作动力来源于交流电磁铁，电磁铁由两个"山"字形的幼硅钢片叠成，其中一个固定，在上面套上线圈，工作电压有多种供选择。为使磁力稳定，铁心的吸合面加上短路环。交流接触器在失电后，依靠弹簧复位。另一半是活动铁心，构造和固定铁心一样，用以带动主接点和辅助接点的开短。20A 以上的接触器加有灭弧罩，利用断开电路时产生的电磁力，快速拉断电弧，以保护触点。

交流接触器主要由电磁系统、触点系统、灭弧装置和绝缘框架及辅助部件组成。CJ20-10 交流接触器外形结构如图 10-1 所示。

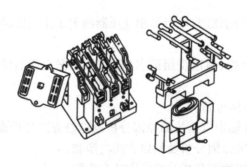

图 10-1　CJ20-10 交流接触器外形图

一、交流接触器的基本构成

1. 电磁系统

交流接触器的电磁系统主要由线圈、静铁心、动铁心（衔铁）、线圈接线端子等组成。

2. 触点系统

触点是接触器的执行元件,用于接通或断开电路。在接触器的触点系统中,触点按照各自的功能不同分为主触点和辅助触点两大类。

3. 灭弧装置

灭弧装置是用陶土和石棉水泥制成的绝缘、耐高温的灭弧罩,是一种简单的灭弧装置,在灭弧罩内一般采用纵缝灭弧的方法灭弧。

4. 其他部件

包括反作用弹簧、复位弹簧、缓冲弹簧、触点压力弹簧、传动机构、接线端子和外壳等部件。

根据用途不同,交流接触器的触点分主触点和辅助触点两种。主触点一般比较大,接触电阻较小,用于接通或分断较大的电流,常接在主电路中。辅助触点一般比较小,接触电阻较大,用于接通或分断较小的电流,常接在控制电路(或称辅助电路)中。有时为了接通和分断较大的电流,在主触点上装有灭弧装置,以熄灭由于主触点断开而产生的电弧,防止烧坏触点。

二、交流接触器的选用与运行维护

1. 选用

(1) 主回路触点的额定电流应大于或等于被控设备的额定电流,控制电动机的接触器还应考虑电动机的起动电流。为了防止频繁操作的接触器主触点烧蚀,频繁动作的接触器额定电流可降低使用。

(2) 接触器的电磁线圈额定电压有 24V、36V、110V、220V、380V 等,电磁线圈允许在额定电压的 80%～105% 范围内使用。

2. 运行维护

(1) 运行中检查项目:

1) 通过的负荷电流是否在接触器额定值之内。

2) 接触器的分合信号指示是否与电路状态相符。

3) 运行声音是否正常,有无因接触不良而发出放电声。

4) 电磁线圈有无过热现象,电磁铁的短路环有无异常。

5) 灭弧罩有无松动和损伤情况。

6) 辅助触点有无烧损情况。

7) 传动部分有无损伤。

8) 周围运行环境有无不利运行的因素,如振动过大、通风不良、尘埃过多等。

(2) 维护:在电气设备进行维护工作时,应一并对接触器进行维护工作。

1) 外部维护:

① 清扫外部灰尘。

② 检查各紧固件是否松动,特别是导体连接部分,防止接触松动而发热。

2) 触点系统维护:

① 检查动、静触点位置是否对正,三相是否同时闭合,如有问题应调节触点弹簧。

② 检查触点磨损程度,磨损深度不得超过 1mm,触点有烧损、开焊脱落时,须及时更换。轻微烧损时,一般不影响使用。清理触点时不允许使用砂纸,应使用整形锉。

③ 测量相间绝缘电阻,阻值不低于 10MΩ。

④检查辅助触点动作是否灵活,触点行程应符合规定值,检查触点有无松动脱落,发现问题时,应及时修理或更换。

3)铁心部分维护:

①清扫灰尘,特别是运动部件及铁心吸合接触面间。

②检查铁心的紧固情况,铁心松散会引起运行噪声加大。

③铁心短路环有脱落或断裂要及时修复。

4)电磁线圈维护:

①测量线圈绝缘电阻。

②线圈绝缘物有无变色、老化现象,线圈表面温度不应超过 65℃。

③检查线圈引线连接,如有开焊、烧损应及时修复。

5)灭弧罩部分维护:

①检查灭弧罩是否破损。

②灭弧罩位置有无松脱和位置变化。

③清除灭弧罩缝隙内的金属颗粒及杂物。

三、接触器常见故障检修方法与步骤

通常情况下,交流接触器损坏到以下程度就应予以更换:交流接触器的三相主触点(动、静触点)烧损面积在 25% 以上,烧损深度在 1mm 以上;接触器线圈烧毁;主触点的接线端子严重烧伤;主触点的传动机构断裂或变形;受阻卡壳而使触点不能闭合。

(1)接触器不释放或释放缓慢的检修方法与步骤如下:

1)检查触头是否已熔焊相连,更换触头。

2)铁心极面有油污或尘埃黏着,清理极面。

3)反力弹簧损坏无反作用力,更换反力弹簧。

(2)接触器吸不上或吸力不足的检修方法与步骤如下:

1)检查电源电压是否过低或线圈额定电压与电源电压是否不符,调整电源电压。

2)检查接触器线圈是否断路或烧毁、更换线圈。

3)检查接触器机械可动部分是否被卡住,重新拆装消除卡住部分,修理受损零件。

(3)接触器通电后电磁噪声大的检修方法与步骤如下:

1)铁心极面生锈或有异物嵌入,除锈及取出异物。

2)铁心短路环断裂,更换铁心。

(4)接触器通电后电磁铁噪声大的检修方法与步骤如下:

1)铁心极面生锈或有异物嵌入,除锈及取出异物。

2)铁心短路环断裂,更换铁心。

技能训练

一、技能训练要求(考核时间 30 分钟)

(1)拆装:按步骤正确拆装,工具使用正确。

(2)装配:检查部件完好后,组装质量达到要求。

(3)通电调试:要求交流接触器的触点吸合、释放应灵活无噪声。

二、技能训练内容

(1)按规定拆解交流接触器,仔细保留好各个零部件和螺钉。

（2）检查各零部件性能，按要求进行交流接触器装配。

（3）交流接触器的调试。

三、技能训练使用的设备、工具、材料

电工常用工具；指针式或数字式万用表；交流接触器（3TB4022）；导线。

四、技能训练步骤

（1）打开防护罩（图 10-2），由于 3TB4022 型交流接触器防护罩为塑料制品，拆卸时两边塑料卡扣应交替均匀地松开，避免单边断裂。

（2）使用旋具旋下两边紧固导线螺钉与压板（图 10-3）。

图 10-2　打开灭弧罩　　　　　　　　图 10-3　旋下两边紧固导线螺钉

（3）拆卸辅助静触点（图 10-4），使用合适的旋具将静触点脱离接触器。取出主触点防护罩（图 10-5）。

图 10-4　拆卸接触器辅助静触点　　　　图 10-5　拆卸主触点防护罩

（4）用旋具旋松接触器侧面底上的紧固螺栓（图 10-6）。拆卸后的动触点部分如图 10-7 所示。动触点的拆卸可用尖嘴钳拔出。

图 10-6　旋松紧固螺栓

图 10-7　接触器动触点部分

（5）取出线圈（图 10-8）。静铁心部件如图 10-9 所示。

图 10-8　取出线圈

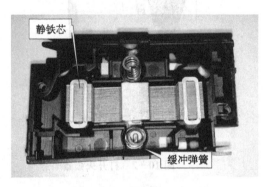

图 10-9　静铁心部件

（6）检查拆卸的部件，检查完好后将交流接触器按拆卸的逆顺序装配好。

（7）对已装配好的接触器进行多次通断试验，并检查主、辅触点的接触电阻。

五、技能考核

（1）完成交流接触器的拆装、检修，根据交流接触器线圈规定电压通电调试。

（2）接触器常见故障分析，写出检修方法与步骤。

1）接触器不释放或释放缓慢故障原因分析及检修方法与步骤。

2）接触器吸不上或吸力不足故障原因分析及检修方法与步骤。

3）接触器通电后电磁噪声大故障原因分析及检修方法与步骤。

4）接触器电磁铁噪声过大故障原因分析及检修方法与步骤。

课题 11　空气阻尼式时间继电器的改装与故障分析

教学目的

（1）了解空气阻尼式时间继电器工作原理、结构。

（2）能根据给定的设备和工具，掌握空气阻尼式时间继电器维修方法。

（3）按要求通电调试空气阻尼式时间继电器。

（4）能执行电气安全操作规程。

任务分析

了解空气阻尼式时间继电器结构,能使用电工工具快速、正确地进行空气阻尼式时间继电器改装,并通电调试。

基础知识

一、空气阻尼式时间继电器的基本构成

空气阻尼式时间继电器是利用空气阻尼作用获得延时的,线圈电压为交流。空气阻尼式时间继电器分为通电延时型和断电延时型两种类型。吸引线圈通电后延迟一段时间触头动作,吸引线圈一旦断电,触头瞬时动作的为通电延时型时间继电器(图 11 - 1);吸引线圈断电后延迟一段时间触头动作,吸引线圈一旦通电,触头瞬时动作的为断电延时型时间继电器(图 11 - 2)。

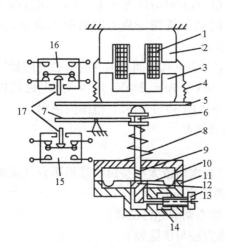

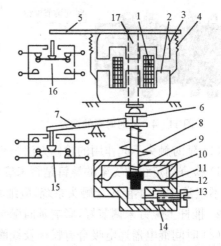

图 11 - 1　通电延时空气阻尼式时间继电器结构

1—线圈;2—静铁心;3—衔铁;4—反力弹簧;5—推杆;6—活塞杆;7—杠杆;8—塔形弹簧;9—弱弹簧;10—橡皮膜;11—空气室壁;12—活塞;13—调节螺钉;14—进气孔;15—微动开关(延时);16—微动开关(不延时);17—微动按钮

图 11 - 2　断电延时空气阻尼式时间继电器结构

1—线圈;2—静铁心;3—衔铁;4—反力弹簧;5—推杆;6—活塞杆;7—杠杆;8—塔形弹簧;9—弱弹簧;10—橡皮膜;11—空气室壁;12—活塞;13—调节螺钉;14—进气孔;15—微动开关(延时);16—微动开关(不延时);17—顶杆

空气阻尼式时间继电器在机床设备中应用较多,其型号为 JS7 - A 系列。根据其触点的延时特点,一般分为通电延时型 JS7 - 1A 和 JS7 - 2A;断电延时型 JS7 - 3A 和 JS7 - 4A 两类。

JS7 - A 空气阻尼式时间继电器由电磁系统、触点、气室及传动机构等部分组成。电磁系统包括线圈、衔铁和铁心、反力弹簧和弹簧片等。气室内装有一块薄膜橡胶及活塞,活塞随气室上面的调节螺钉调节空气量的增减而移动,从而调节推杆移动速度,达到触点通断时间的延迟。传动机构由推板、杠杆及宝塔弹簧等组成。JS7 - A 系列空气阻尼式时间继电器如图 11 - 3 所示。

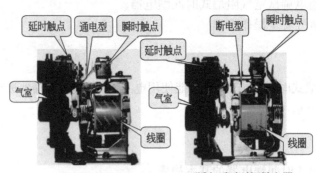

(a) 通电延时时间继电器　　(b) 断电延时时间继电器

图 11-3　JS7-A 系列空气阻尼式时间继电器

二、空气阻尼式时间继电器的选用与运行维护

1. 选用

(1) 空气阻尼式时间继电器的延时时间调整精度较差,一般适用在对延时时间要求不高的控制电路中,延时时间为 0.4～60s。通过调节气室上的时间调节旋钮完成延时时间的调整,如图 11-4 所示。

图 11-4　延时时间的调整

(2) 空气阻尼式时间继电器的电磁线圈额定电压有 24V、36V、110V、220V、380V 等,电磁线圈允许在额定电压的 80%～105% 范围内使用。

2. 运行维护

(1) 延时触头不起作用的检修方法与步骤如下:

1) 检查固定线圈支架的螺钉是否未旋紧,支架位置太前或太后会影响推板压合气式推杆位置不正常,以致不能压合触头系统,应细心调节线圈固定位置。

2) 推杆上螺钉未调节好,影响延时触头动作,应细心调节螺钉位置。

(2) 时间继电器通电吸合有噪声及线圈发热检修方法与步骤如下:

1) 检查铁心短路环是否损坏,有损坏即更换铁心。

2) 线圈及铁心安装松动,使铁心不能较好闭合,既会发出噪声也会引起线圈发热,应重新拆装。

(3) 调节延时螺钉,气室无反应的检修方法与步骤如下:

1) 调节螺钉旋过头,使气室中活塞无法再调节,将调节螺钉反方向旋转直到气室工作。

2) 气室中薄膜橡胶损坏破裂,无法控制气量,更换薄膜橡胶,重新调整调节螺钉。

技能训练

一、技能训练要求(考核时间 30 分钟)

(1) 拆装:按步骤正确拆装,工具使用正确。

(2) 装配:检查部件完好后,组装质量达到要求。

(3) 通电调试:要求空气阻尼式时间继电器的触点吸合、释放应灵活无噪声。

二、技能训练内容

(1) 按规定拆解空气阻尼式时间继电器,仔细保留好各个零部件和螺钉。

（2）检查各零部件性能，按要求进行空气阻尼式时间继电器的断电延时改通电延时装配。

（3）检查各零部件性能，按要求进行空气阻尼式时间继电器的通电延时改断电延时装配。

（4）完成空气阻尼式时间继电器的调试。

三、技能训练使用的设备、工具、材料

电工常用工具；指针式或数字式万用表；空气阻尼式时间继电器；电源线。

四、技能训练步骤

（1）改装：按步骤正确改装，工具使用正确。

1）使用合适的旋具拆下通电延时时间继电器底座下的固定螺钉（2个），如图11-5所示。

2）将拆卸的电磁系统部分360度旋转，将通电延时时间继电器改为断电延时时间继电器，如图11-6所示。

图 11-5 拆下固定螺钉图

图 11-6 拆下部分 180 度旋转

（2）装配：检查部件完好后，组装质量达到要求。

1）将改好的时间继电器装入底座，电磁系统部分与底板用旋具旋下两边紧固导线螺钉（注意不要拧得过紧）。电磁系统部分与底座可调整间距，如图11-7所示。

2）双手手动模拟时间继电器得电工作状态，如图11-8所示。观察气室及传动机构动作情况（延时触点延时动作情况，瞬时触点动作情况），如发生延时触点不动作情况，可调整电磁系统部分与底板位置。

调整距离

图 11-7 调整间距

图 11-8 模拟调试得电工作状态

3）旋紧底座螺钉，这样一个断电延时时间继电器就改造为一个通电延时时间继电器（通电延时时间继电器改造为断电延时时间继电器可参考）。

（3）通电调试：

1）观察空气阻尼式时间继电器线圈外壳标注的交流电压等级，选取合适的电压接入线圈两端。

2）空气阻尼式时间继电器应动作灵活、释放迅速、瞬时触点及延时触点通断正常、延时调节应正确可靠。

五、技能考核

（1）完成空气阻尼式时间继电器改装，根据空气阻尼式时间继电器线圈规定电压通电调试。

（2）空气阻尼式时间继电器常见故障，并写出检修方法与步骤。

1）空气阻尼式时间继电器延时触头不起作用故障原因分析及检修方法与步骤。

2）空气阻尼式时间继电器通电吸合有噪声及线圈发热故障原因分析及检修方法与步骤。

3）空气阻尼式时间继电器调节延时螺钉，气室无反应的故障原因分析及检修方法与步骤。

课题 12　负载变化的单相半波、电容滤波、稳压管稳压电路安装与调试

教学目的

（1）掌握单相半波、电容滤波、稳压管稳压电路工作原理和元器件参数的选择。

（2）完成电路的安装、调试。

任务分析

能正确识别各种电子元件，正确判断其使用场合，利用仪器仪表对元件性能进行快速判断，完成电路安装，使用仪表检测电路各点电压、电流。

基础知识

很多电子线路都需要有稳定的直流电源提供能量。直流稳压电源就是把交流电通过整流变成脉动的直流电，再经过滤波稳压变成稳定的直流电，直流稳压电路示意图如图 12 - 1 所示。

一、单相半波整流电路

单相半波整流电路由变压器、整流二极管和负载三部分组成，如图 12 - 2 所示。

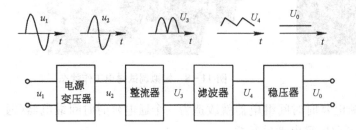

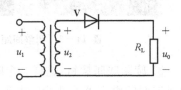

图 12 - 1　直流稳压电源示意图　　　　图 12 - 2　单相半波整流电路组成

当 u_2 为正半周时,二极管 V 承受正向电压而导通,此时有电流流过负载,并且和二极管上的电流相等,即 $i_o = i_d$,忽略二极管的电压降,则负载两端的输出电压等于变压器副边电压,即 $u_o = u_2$,输出电压 u_o 的波形与 u_2 相同。当 u_2 为负半周时,二极管 V 承受反向电压而截止,此时负载上无电流流过,输出电压 $u_o = 0$,变压器副边电压 u_2 全部加在二极管 V 上,电压波形如图 12-3 所示。

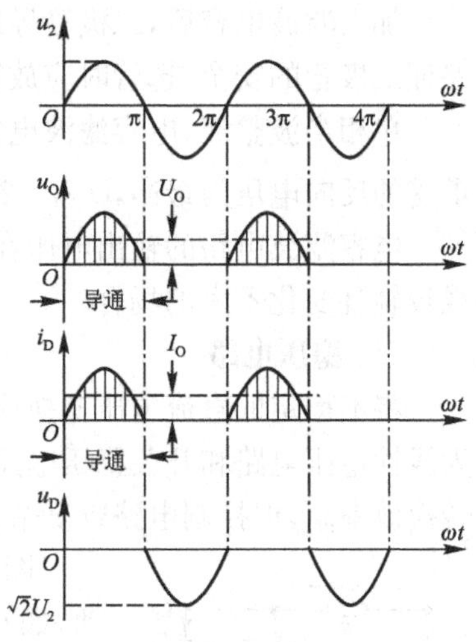

单相半波整流电压的平均值为:

$$U_o = \frac{1}{2\pi}\int_0^\pi \sqrt{2}U_2 \sin\omega t d(\omega t) = \frac{\sqrt{2}}{\pi}U_2 = 0.45U_2$$

流过负载电阻 R_L 的电流平均值为:$I_o = \dfrac{U_o}{R_L} = 0.45\dfrac{U_2}{R_L}$

流经二极管的电流平均值与负载电流平均值相等,即:

$$I_D = I_o = 0.45\frac{U_2}{R_L}$$

图 12-3　波形图

二极管截止时承受的最高反向电压为 u_2 的最大值,即:$U_{RM} = U_{2M} = \sqrt{2}U_2$

一般常用如下经验公式估算电容滤波时的输出电压平均值:$U_o = U_2$

二、滤波电路

整流电路可以将交流电转换为直流电,但脉动较大,在某些应用中如电镀、蓄电池充电等可直接使用脉动直流电源。但许多电子设备需要平稳的直流电源,这种电源中的整流电路后面还需加滤波电路将交流成分滤除,以得到比较平滑的输出电压。

滤波通常是利用电容或电感的能量存储功能来实现的。假设电路接通时,在 u_2 由负到正过零的时刻,这时二极管 V 导通,电源 u_2 在向负载 R_L 供电的同时对电容 C 充电,忽略二极管正向压降,电容电压 u_c 随输入电压 u_2 按正弦规律上升至 u_2 的最大值,然后 u_2 继续下降,且 $u_2 < u_c$,使二极管 V 截止,电容 C 则对负载电阻 R_L 按指数规律放电,当 u_c 降至 u_2 大于 u_c 时,二极管又导通,电容 C 再次充电。至此,u_2 周期性变化,电容 C 周而复始地进行充放电,使输出电压脉动减小,如图 12-4(b) 所示。电容 C 放电的快慢取决于时间常数($\tau = R_L C$)的大小,时间常数越大,电容 C 放电越慢,输出电压 u_o 越平坦,平均值也越高。

为了获得平滑的输出电压,一般要求 $R_L \geqslant (10\sim15)\dfrac{1}{\omega C}$,即:$\tau = R_L C \geqslant (3\sim5)\dfrac{T}{2}$。式中 T 为交流电压的周期,滤波电容 C 一般选择体积小、容量大的电解电容器。

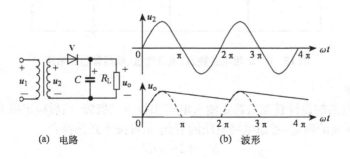

图 12-4　滤波电路输出电压波形

加入滤波电容后,二极管导通时间缩短,且在短时间内承受较大的冲击电流(i_c+i_o),为了保证二极管的安全,选管时应放宽裕量。

单相半波整流、电容滤波电路中,二极管承受的反向电压为 $u_{DR}=u_C+u_2$,当负载开路时,承受的反向电压为最高,$U_{RM}=2\sqrt{2}U_2$。

电容滤波电路的输出电压在负载变化时波动较大,说明它的带负载能力较差,只适用于负载较轻且变化不大的场合。

三、稳压电路

将不稳定的直流电压变换成稳定的直流电压的电路称为直流稳压电路。直流稳压电路分为线性稳压电路和开关稳压电路两大类。前者简单易行,但转换效率低,体积大;后者体积小,转换效率高,但控制电路较复杂。

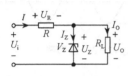

图 12 - 5 稳压管稳压过程

图 12-5 所示电路中输入电压 U_i 波动时会引起输出电压 U_o 波动,如 U_i 升高 U_o 随之升高,导致稳压管电流 I_z 急剧增加,使得电阻 R 上的电流 I 和电压 U_R 迅速增大,U_o 基本保持不变。反之,当 U_i 减小时,U_R 相应减小,仍可保持 U_o 基本不变。

当负载电流 I_o 发生变化引起输出电压 U_o 发生变化时,同样会引起 I_z 的相应变化,使得 U_o 保持基本稳定。如当 I_o 增大时,I 和 U_R 均会随之增大使得 U_o 下降,这将导致 I_z 急剧减小,使 I 仍维持原有数值保持 U_R 不变,使得 U_o 稳定。

四、负载变化的单相半波、电容滤波、稳压管稳压电路分析

负载变换的单相半波整流、电容滤波、稳压管稳压电路如图 12-6 所示。220V 交流电压经变压器降压后输出交流 12V,整流二极管 V1 进行单相半波整流得到直流电压,由电容 C 滤波,再经限流电阻 R1 和稳压管 V2 得到稳压的直流电压。电阻 R3、R4 组成"负载电阻 1",电阻 R5、R6 组成"负载电阻 2"。无论开关 S 闭合或断开,电路的输出电压基本稳定。

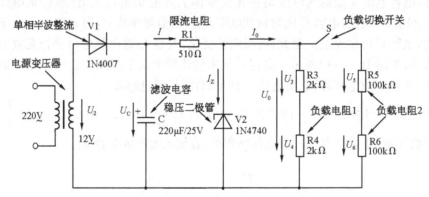

图 12 - 6 单相半波整流、电容滤波、稳压管稳压电路

五、元件选择

稳压管稳压电路的设计首先需选定输入电压和稳压二极管,然后确定限流电阻 R。

(1)输入电压 u_i 的确定:考虑电网电压的变化,u_i 可按下式选择:

$$u_i=(2\sim3)U_o$$

(2)稳压二极管的选取:稳压管的参数可按下式选取:

$$U_z=U_o$$

$$I_{zmax} = (2 \sim 3) I_{omax}$$

（3）限流电阻的确定：当输入电压 u_i 上升 10%，且负载电流为零（即 R_L 开路）时，流过稳压管的电流不超过稳压管的最大允许电流 I_{zmax}：

$$\frac{U_{imax} - U_o}{R} < I_{zmax}, R > \frac{U_{imax} - U_o}{I_{zmax}} = \frac{1.1 U_i - U_o}{I_{zmax}}$$

当输入电压下降 10%，且负载电流最大时，流过稳压管的电流不允许小于稳压管稳定电流的最小值 I_{zmin}，即：

$$\frac{U_{imax} - U_o}{R} - I_{omax} > I_{zmin}, R < \frac{U_{imin} - U_o}{I_{zmin} - I_{omax}} = \frac{0.9 U_i - U_o}{I_{zmin} + I_{omax}}$$

故限流电阻选择应按下式确定：

$$\frac{U_{imax} - U_o}{R} - I_{omax} < R < \frac{U_{imin} - U_o}{I_{zmin} - I_{omax}}$$

技能训练

一、技能训练要求（考核时间 30 分钟）

（1）用万用表测量二极管、电阻、三极管和电容，判断其好坏。

（2）根据课题要求，按照电路图完成电子元件的安装，线路布局美观、合理。

（3）按照要求进行线路调试，并测定电压、电流值。

二、技能训练内容

（1）按电路元件明细表配齐元件，并筛选出技术参数合适的元件。

（2）按电路要求进行安装，如遇故障自行排除。

（3）安装后，通电调试，在开关合上及打开情况下，测量电压 u_2、u_c、u_o；电流 i、i_z、i_o 及四个负载电阻上的电压 u_3、u_4、u_5、u_6。

（4）根据测量结果简述电路的工作原理，说明电压表内阻对测量的影响。

三、技能训练使用的设备、工具、材料

专用印刷线路板一块；万用表一只；焊接工具一套；相关元器件一批；变压器（220V/12V）一只。

四、技能训练步骤

（1）根据图 12-6 配齐电路中所需的电子元件，清单见下表。

单相半波、电容滤波、稳压管稳压电路元件清单表

序　号	符　号	名　称	型号与规格	数　量
1	V1	二极管	1N4007	1
2	V2	稳压管	1N4740(10V)	1
3	C	电容器	$220\mu F/25V$	1
4	R1	电阻	RT、510Ω、1/2W	1
5	R2～R3	电阻	RT、$2k\Omega$、1/2W	2
6	R4～R5	电阻	RT、$100k\Omega$、1/2W	2
7	S	开关	MTS-102(ON-ON)/3A 250V	1

（2）正确识别元件，并用万用表测试二极管、电容器的性能，测试电阻的阻值。

（3）清除各元件引脚处的氧化层和空心铆钉的氧化层，清除后搪锡。

（4）考虑元件在空心铆钉板上的布局，注意二极管、电容器及电阻阻值。

（5）元件置于如图 12-7 所示位置，并进行焊接（从左到右将元件焊在电路板上）。

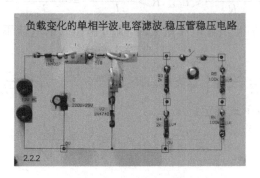

图 12-7　元件的布置图

（6）调试：

1）检查元件及背后连接线的正确情况。

2）接通电源，将万用表置于交流电压挡，测量输入交流电压 u_2（测试电压时万用表表棒与被测点并联），如图 12-8 所示。

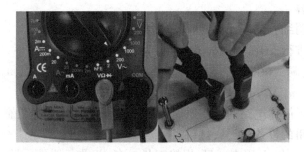

图 12-8　万用表测量输入交流电压

3）用万用表直流电压挡测量电路中直流电压，万用表两表笔与被测电路或负载并联，注意红、黑表棒的放置位置（红表棒接＋，黑表棒接－），如图 12-9 所示。电容两端电压正常情况下，输出电压约为 14V，若输出电压过小，说明滤波电容脱焊或已经断路。

图 12-9　万用表测量电路中电容两端直流电压值

4）稳压管两端电压正常值为 10V，若电压为 14V 左右，可能稳压二极管脱焊或已经断路；若电压为 0V，可能是稳压二极管短路。

5）负载变换通过电路板上安装的切换开关 S 进行，当开关 S 两端短路时，为接通状态（图 12 - 10 a），当开关 S 两端开路时，为断开状态（图 12 - 10 b）。

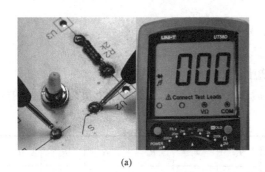 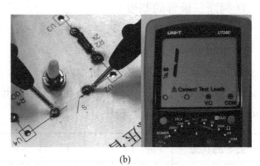

（a）　　　　　　　　　　　　　　（b）

图 12 - 10　万用表实测开关 S 两端状态

6）根据并联电路各处电压相等的原理，无论开关 S 合上或打开，u_o 的电压与稳压管两端电压近似。

7）合上开关 S，使用万用表直流电压挡分别测量 u_3、u_4、u_5、u_6 的电压值，实测每处电压约为 5V，如果不正常应检查电路。

8）打开开关 S，使用万用表直流电压挡分别测量 u_3、u_4、u_5、u_6 的电压值，实测 u_3、u_4 处电压约为 5V，u_5、u_6 的电压值为 0，如果不正常应检查电路。

9）测量直流电流 I（总电流）、I_z（稳压管电流）、I_o（输出电流）时，将万用表的转换开关置于直流电流挡合适量程上，测量时必须先断开该部分测试电路，然后按照电流从"＋"到"－"的方向，将万用表串联到被测电路中，即电流从红表笔流入，从黑表笔流出，如图 12 - 11 所示。测量电流时如果误将万用表与负载并联，则因表头内阻很小，会造成短路而烧毁仪表。

用数字万用表测较小电流，用红表棒插"mA"孔，黑表棒插"com"孔。I（总电流）＝I_z（稳压管电流）＋I_o（输出电流）。

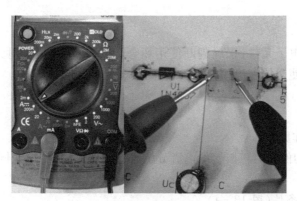

图 12 - 11　万用表测直流电流

五、技能考核

（1）元件检测：

1）判断二极管的好坏_____并选择原因_____。

A. 好　　　　　　　B. 坏　　　　　　　C. 正向导通，反向截止

D. 正向导通，反向导通　　　　　　　E. 正向截止反向截止

2) 判断三极管的好坏_____。

A. 好　　　　　　　B. 坏

3) 判断三极管的基极_____。

A. 1 号脚为基极　　B. 2 号脚为基极　　C. 3 号脚为基极

4) 判断电解电容_____。

A. 有充放电功能　　B. 开路　　　　　　C. 短路

(2) 在开关合上及打开的情况下,测量电压 u_2、u_c、u_o,电流 i、i_z、i_o 及四个负载电阻上的电压 u_3、u_4、u_5、u_6,并填入下表中。

开关 S 的状态	u_2	U_c	U_o	i	I_z	I_o	u_3	u_4	u_5	u_6
合上										
打开										

(3) 根据测量结果简述电路的工作原理,说明电压表内阻对测量的影响。

课题 13　直流电源与三极管静态工作点测量电路的安装与调试

教学目的

(1) 掌握直流电源与三极管静态工作点的测量电路工作原理和元器件参数的选择。

(2) 完成电路的安装、调试。

任务分析

能正确识别各种电子元件,正确判断使用场合,能利用仪器仪表对元件性能进行快速判断,完成电路的安装,使用仪表检测电路各点电压、电流。

基础知识

一、三极管的工作原理

现以 NPN 型管为例介绍三极管的电流分配与放大作用,所得结论同样适用于 PNP 型三极管。

1. 三极管放大的条件(图 13 - 1)

(1) 外部条件:

1) 发射结加正偏时,从发射区将有大量的电子向基区扩散,形成的电流为 I_{EN}。

2) 集电结反偏,使集电结区的少子形成漂移电流 I_{CBO}。

(2) 内部条件:

1) 从基区向发射区有空穴扩散运动,但其数量小,形成的电流为 I_{EP}。

2) 进入基区的电子流因基区的空穴浓度低,被复合的机会较少。又因基区很薄,在集电结反偏电压的作用下,电子在基区停留的时间很短,进入集电结的结电场区域,形成集电极电流 I_{CN}。在基区被复合电子形成的电流是 I_{BN}。

3）集电结面积大。

2. 三极管的电流关系

$I_E = I_C + I_B$　　$I_C = \beta I_B$　　$I_E = I_C + I_B = (1+\beta)I_B \approx I_C$

三极管中还有一些少子电流,比如 I_{CBO},通常可以忽略不计,但它们对温度十分敏感。

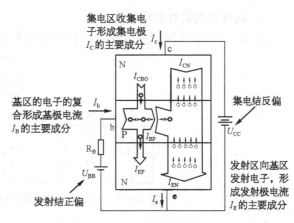

图 13 - 1　三极管放大的条件

二、三极管的三种基本组态(以 NPN 型为例)

三极管的三个电极作为输入端、输出端和公共端,有三种不同的三极管电路的组成方式。根据公共电极的不同,分别叫做共发射极接法(发射极作为公共端,图 13 - 2)、共集电极接法(集电极作为公共端,见图 13 - 3)、共基极接法(基极作为公共端,见图 13 - 4)。

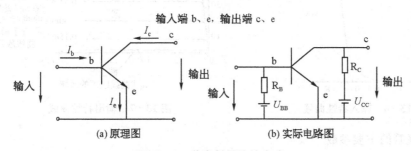

图 13 - 2　共发射极连接方式

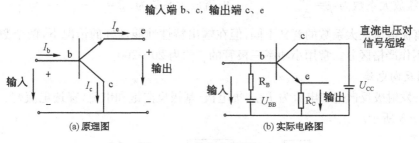

图 13 - 3　共集电极连接方式

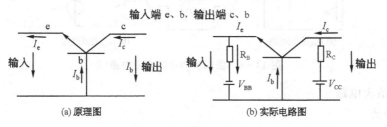

图 13 - 4　共基极连接方式

三、晶体管的特性曲线

图13-5所示是测试三极管共发射极电路伏安特性曲线的电路图。

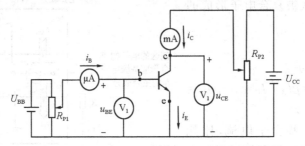

图13-5 三极管共发射极电路伏安特性曲线电路图

晶体管输入特性曲线如图13-6所示,输出特性曲线如图13-7所示。

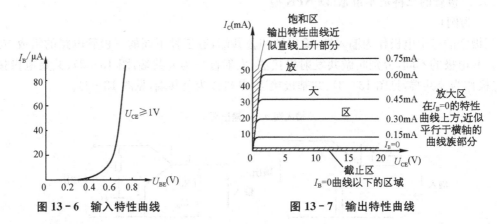

图13-6 输入特性曲线　　　　**图13-7 输出特性曲线**

四、三极管的主要参数

1. 电流放大系数

交流电流放大系数为:$\beta=\dfrac{\Delta i_C}{\Delta i_B}\Big|_{\mu_{CE}=常数}$　　　电流放大系数为:$\bar\beta=\dfrac{I_C-I_{CEO}}{I_B}\approx\dfrac{I_C}{I_B}$

交流、直流电流放大系数的意义不同,但在输出特性性能良好的情况下,两个数值的差别很小,一般不作严格区分。常用小功率三极管的β约为20～200。

2. 极间反向电流

集电极-发射极反向饱和电流为I_{CEO},集电极-基极反向饱和电流(穿透电流)为I_{CBO},测试电路如图13-8所示。

图13-8 极间反向电流测试电路

五、基本放大电路

1. 放大能力

放大能力表示放大器的输出/输入信号强度比或称放大倍数(增益)A,其电路框图如图

13-9 所示。根据放大电路输入和输出信号类型,共
有如下几种放大倍数。

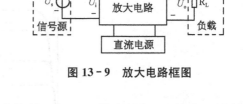

图 13-9　放大电路框图

(1) 电压放大倍数: $A_U = U_o/U_I$

(2) 电流放大倍数: $A_I = I_o/I_I$

(3) 互阻增益: $A_r = U_o/I_I$

(4) 互导增益: $A_g = I_o/U_I$

2. 输入/输出电阻

(1) 输入电阻: $R_i = u_i/i_i$, $u_o = 0$,一般来说(不考虑阻抗匹配), R_i 越大越好, R_i 越大, i_i 就越小,从信号源索取的电流越小。当信号源有内阻时, R_i 越大, u_i 就越接近 u_s。输入电阻的等效电阻图如图 13-10 所示。

(2) 输出电阻: $R_o = u_o/i_o$, $u_s = 0$,输出电阻表明放大电路带负载的能力,一般来说(不考虑阻抗匹配) R_o 越小越好, R_o 越小,放大电路带负载的能力越强,反之则差。输出电阻等效电阻图如图 13-11 所示。

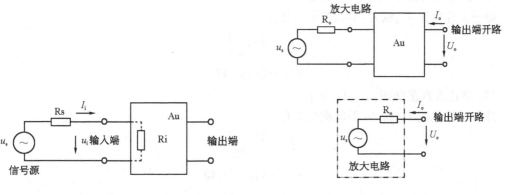

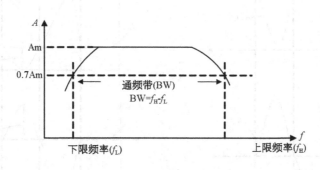

图 13-10　输入电阻的等效电阻图　　**图 13-11　输出电阻等效电阻图**

3. 通频带

电路放大倍数变化在 3dB 内的频率范围,如某电路的幅频特性曲线如图 13-12 所示,其中 Am 是中频放大倍数。

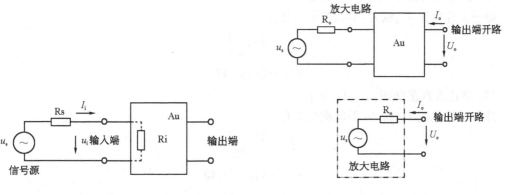

图 13-12　幅频特性曲线

4. 最大不失真输出幅度

(1) 理想工作状态图如图 13-13 所示。

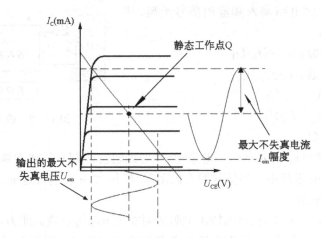

图 13 - 13　理想工作状态图

（2）饱和失真图如图 13 - 14 所示。

静态工作电流 I_{CQ} 偏大，引起饱和失真。

$$I_{cm} = \frac{V_{CC} - U_{ceo}}{Rc}$$

$$U_{cm} = U_{CEQ} - U_{ces}$$

（3）截止失真图如图 13 - 15 所示。

静态工作电流 I_{CQ} 偏小，引起截止失真。

$$I_{cm} = \frac{V_{CC} - U_{ces}}{Rc}$$

$$U_{cm} = V_{CC} - U_{ce}Q$$

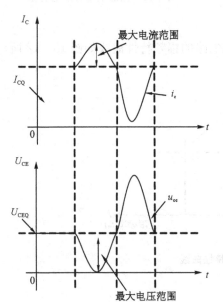

图 13 - 14　饱和失真图

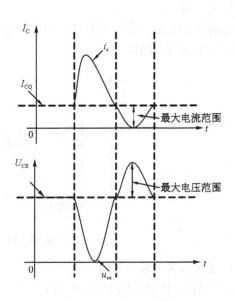

图 13 - 15　截止失真图

六、共发射极放大电路

1. 电路的组成

共发射极电路如图 13 - 16 所示。

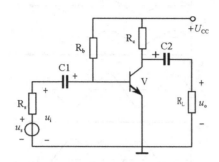

图 13 - 16　共发射极基本放大电路的组成

2. 静态工作点(直流工作状态)

$u_i = 0$ 时电路的工作状态如图 13 - 17 所示,静态工作点(I_{BQ}, I_{CQ}, U_{CEQ})如图 13 - 18 所示。

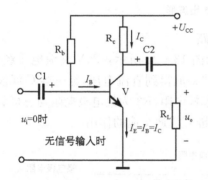

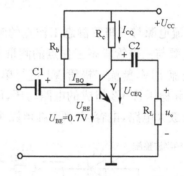

图 13 - 17　$u_i = 0$ 时电路的工作状态　　**图 13 - 18　静态工作点(I_{BQ}, I_{CQ}, U_{CEQ})**

3. 静态工作点的估算

(1) I_{BQ} 估算($U_{BE} \approx 0.7V$):其中 R_b 为偏置电阻,I_B 为偏置电流,示意图与公式如图 13 - 19 所示。

(2) U_{CE}、I_C 估算:如图 13 - 20 所示。

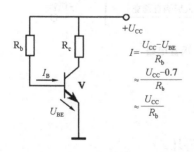

图 13 - 19　偏置电流公式

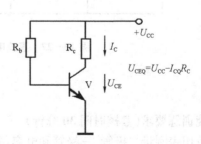

图 13 - 20　U_{CE}、I_C 计算

4. 输出波形

各输出点的波形如图 13 - 21 所示。

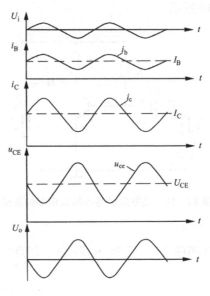

图 13 - 21　输出波形

七、直流电源与三极管静态工作点的测量电路

直流电源与三极管静态工作点的测量电路如图 13 - 22 所示,220V 交流电压经变压器降压后输出交流 12V,整流二极管 V1 进行单相半波整流得到直流电压,经电容 C 滤波,再经限流电阻 R1 和稳压管 V2 组成的电路稳压,R2 为基极电阻,R3 为集电极电阻与三极管 9013 组成共发射极放大电路,电容 C1、C2 在电路中起到隔直流通交流的作用。

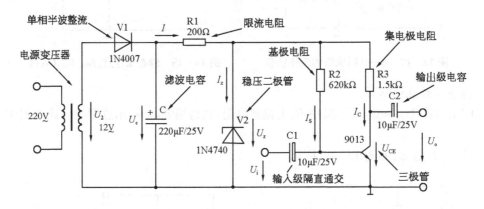

图 13 - 22　直流电源与三极管电路

技能训练

一、技能训练要求(考核时间 30 分钟)

(1)用万用表测量二极管、三极管和电容,判断其好坏。

(2)根据课题要求,按照电路图完成电子元件的安装,线路布局美观、合理。

(3)按照要求进行线路调试,并测定电压、电流值。

二、技能训练内容

(1) 按测量电路元件明细表配齐元件,并筛选出技术参数合适的元件。

(2) 按直流电源与三极管静态工作点的测量电路图进行安装,如遇故障自行排除。

(3) 安装后,通电调试,并测量电压 U_2、U_c、U_z 及测量三极管静态工作点电流 I_B、I_C 及静态电压 U_{CE}。

三、技能训练使用的设备、工具、材料

专用印刷线路板一块;万用表一只;焊接工具一套;相关元器件一批;变压器(220V/12V)一只。

四、技能训练步骤

(1) 根据图 12-22 配齐电路中所需的电子元件,清单见下表。

直流电源与三极管静态工作点的测量电路元件清单表

序　号	符　号	名　称	型号与规格	数　量
1	V1	二极管	1N4007	1
2	V2	稳压管	1N4740	1
3	V3	三极管	S9013	1
4	C	电容器	220μF/25V	1
5	C1	电容器	10μF/25V	1
6	C2	电容器	10μF/25V	1
7	R1	电阻	RT、200Ω、1/2W	1
8	R2	电阻	RT、620kΩ、1/2W	1
9	R3	电阻	RT、1.5kΩ、1/2W	1

(2) 正确识别元件并用万用表测试二极管、电容器的性能,测试电阻的阻值。

(3) 清除各元件引脚处的氧化层和空心铆钉的氧化层,清除后搪锡。

(4) 考虑元件在电路板上的布局,注意二极管、三极管、电容器极性及电阻阻值。

(5) 将元件置于图 13-23 所示位置,并进行焊接(从左到右将元件焊在电路板上)。

(6) 调试:

1) 检查元件及背后连接线正常情况。

2) 接通电源,将万用表置于合适的交流电压挡测量输入交流电压 u_2,测试电压时万用表表杆与被测点并联。

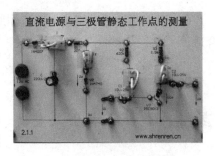

图 13-23　元件的布置图

3) 用万用表直流电压挡测量电路中直流电压。万用表两表笔和被测电路或负载并联即可,注意红、黑表棒的放置位置(红表棒接+,黑表棒接-)。电容两端正常情况下输出电压约为 16V。若输出电压过小,说明滤波电容脱焊或已经断路。

4) 稳压二极管 V2 两端电压正常值为 10V。若电压约为 14V,可能是稳压二极管路脱焊或已经断路。若电压为 0V,可能是电阻 R1 短路或稳压二极管短路。

5) 电路中要求测试的 U_{CE} 是指三极管 C 脚(集电极)与 E 脚(发射极)之间电压,若电压为 0,可能是三极管损坏。

6) 测量直流电流 I_B(基极电流)时,将万用表的转换开关置于直流电流挡合适的 uA 量程上,一般实测在十几到几十毫安。测量时必须先断开该部分测试电路,然后按照电流从"+"到"−"的方向,将万用表串联到被测电路中,即电流从红表棒流入,从黑表棒流出。

7) 测量直流电流 I_C(集电极电流)时,将万用表的转换开关置于直流电流挡合适 mA 量程上一般实测在几毫安左右。测量时必须先断开该部分测试电路,然后按照电流从"+"到"−"的方向,将万用表串联到被测电路中,即电流从红表笔流入,从黑表笔流出。测量电流时如果误将万用表与负载并联,则因表头的内阻很小,会造成短路烧毁仪表。

五、技能考核

(1) 元件检测:

1) 判断二极管的好坏_____并选择原因_____。

A. 好　　　　　　　B. 坏　　　　　　　C. 正向导通,反向截止

D. 正向导通,反向导通　　　　　　　E. 正向截止反向截止

2) 判断三极管的好坏_____。

A. 好　　　　　　　B. 坏

3) 判断三极管的基极_____。

A. 1 号脚为基极　　B. 2 号脚为基极　　C. 3 号脚为基极

4) 判断电解电容_____。

A. 有充放电功能　　B. 开路　　　　　　C. 短路

(2) 测量电压 U_2、U_c、U_z 填入下表中,测量三极管静态工作点电流 I_B、I_C 及静态电压 U_{CE} 填入下表中。

U_2	U_c	U_z	I_B	I_C	U_{CE}

(3) 根据测量结果简述电路工作原理,说明三极管是否有电流放大作用,静态工作点是否合适。

课题 14　单相全波整流、电容滤波、稳压管稳压电路安装与调试

教学目的

(1) 掌握单相全波整流、电容滤波、稳压管稳压电路工作原理和元器件参数的选择。

(2) 完成电路的安装、调试。

任务分析

能正确识别各种电子元件,正确判断其使用场合,能利用仪器仪表对元件性能进行快速判

断,完成电路的安装,使用仪表检测电路各点电压、电流。

基础知识

一、单相全波整流电路

1. 电路图

变压器中心抽头式单相全波整流电路如图 14-1 所示。V1、V2 为性能相同的整流二极管,V1 的阳极连接 A 点,V2 的阳极连接 B 点,T 为电源变压器,作用是产生大小相等相位相反的 u_{2a} 和 u_{2b}。

2. 工作原理

设 u_1 为正半周时,图 14-1 中 A 端为正,B 端为负,则 A 端电位高于中心抽头 C 处电位,而 C 处电位又高于 B 端电位。二极管 V1 导通,V2 截止,电流 i_{V1} 自 A 端经二极管 V1 自上而下流过 R_L 到变压器中心抽头 C 处;当 u_1 为负半周时,B 端为正、A 端为负,则 B 端电位高于中心抽头 C 处电位,而 C 处电位又高于 A 端电位。二极管 V2 导通,V1 截止,电流 i_{V2} 自 B 端经二极管 V2,也自上而下流过负载 R_L 到 C 处,i_{V1} 和 i_{V2} 叠加形成全波脉动直流电流 i_L,在 R_L 两端产生全波脉动直流电压 u_L。

可见,在整个 u_1 周期内,流过二极管的电流 i_{V1}、i_{V2} 叠加形成全波脉动直流电流 i_L,于是 R_L 两端产生全波脉动直流电压 u_L,故电路称为全波整流电路,电路波形图如图 14-2 所示。

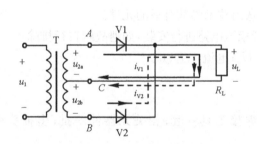

图 14-1　变压器中心抽头式单相全波整流电路　图 14-2　单相全波整流电路波形图

3. 负载和整流二极管上的电压和电流

(1) 负载电压、电流:全波整流电路的负载 R_L 上得到的是全波脉动直流电压,所以全波整流电路的输出电压比半波整流电路的输出电压增加一倍,电流也增加一倍,即:

$$U_L = 0.9U_2, \quad I_L = \frac{U_L}{R_L} = \frac{0.9U_2}{R_L}$$

(2) 二极管的平均电流只有负载电流的一半,即:$I_V = \frac{1}{2}I_L$

(3) 二极管承受反向峰值电压是变压器次级两个绕组总电压的峰值,即:$U_{RM} = 2\sqrt{2}U_2$

二、单相全波整流、电容滤波、稳压管稳压电路

负载变换的单相全波整流、电容滤波、稳压管稳压电路如图 14-3 所示,220V 交流电压经变压器降压后输出交流 12V,整流二极管 V1、V2 组成单相全波整流得到直流电压,电容 C 滤

波,再经限流电阻 R1 和稳压管 V3 组成的稳压电路与负载电阻 R2 并联。这样,负载得到的就是一个比较稳定的输出电压。

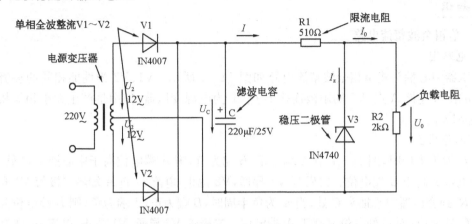

图 14 - 3　单相全波整流、电容滤波、稳压管稳压电路

技能训练

一、技能训练要求(考核时间 30 分钟)

(1) 用万用表测量二极管、三极管和电容,判断好坏。

(2) 根据课题要求,按照电路图完成电子元件的安装,线路布局美观、合理。

(3) 按照要求进行线路调试,并测定电压、电流值。

二、技能训练内容

(1) 按电路元件明细表配齐元件,并筛选出技术参数合适的元件。

(2) 按单相全波整流、电容滤波、稳压管稳压电路进行安装,如遇故障自行排除。

(3) 安装后,通电调试测量电压 U_2、U_c、U_o;电流 I、I_z、I_o。

(4) 根据测量结果简述电路工作原理。

三、技能训练使用的设备、工具、材料

专用印刷线路板一块;万用表一只;焊接工具一套;相关元器件一批;多抽头变压器(220V/12V,12V)一只。

四、技能训练步骤

(1) 根据图 14 - 3 所示配齐电路中所需的电子元件,清单见下表。

单相全波整流、电容滤波、稳压管稳压电路元件清单表

序　号	符　号	名　称	型号与规格	数　量
1	V1	二极管	1N4007	1
2	V2	二极管	1N4007	1
3	V3	稳压管	1N4740(10V)	1
4	C	电容器	$220\mu F/25V$	1
5	R1	电阻	RT、510Ω、1/2W	1
6	R2	电阻	RT、2kΩ、1/2W	1

（2）正确识别元件并用万用表测试二极管、电容器的性能，测试电阻的阻值。

（3）清除各元件引脚处的氧化层和空心铆钉的氧化层，清除后搪锡。

（4）考虑元件在空心铆钉板上的布局，注意二极管、电容器及电阻阻值。

（5）元件置于图 14-4 所示位置，并进行焊接（从左到右将元件焊在电路板上）。

（6）调试：

1）检查元件连接及背后连接线正常情况。

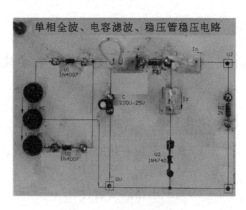

图 14-4　元件的布置图

2）接通电源，将万用表置于合适的交流电压挡测量输入交流电压，测试电压时万用表表杆与被测点并联。

3）用万用表直流电压挡测量电路中直流电压，万用表两表笔和被测电路或负载并联，注意红、黑表棒的放置位置（红表棒接＋，黑表棒接－）。电容两端正常情况下输出电压约为14V，若输出电压过小，说明滤波电容脱焊或已经断路。

4）负载电阻 R2 两端电压正常值为 10V 之间，若电压为 14V 左右，可能是稳压二极管路脱焊或已经断路，若电压为 0，可能是电阻 R1 短路或稳压二极管短路。

5）测量直流电流 I（总电流）、I_z（稳压管电流）、I_o（输出电流）时，将万用表的转换开关置于直流电流挡合适量程。测量时必须先断开该部分测试电路，然后按照电流从"＋"到"－"的方向，将万用表串联到被测电路中，即电流从红表笔流入，从黑表笔流出。测量电流时如果误将万用表与负载并联，则因表头内阻很小，会造成短路烧毁仪表。

五、技能考核

（1）元件检测：

1）判断二极管的好坏_____并选择原因_____。

A. 好　　　　　　B. 坏　　　　　　C. 正向导通，反向截止

D. 正向导通，反向导通　　　　E. 正向截止反向截止

2）判断三极管的好坏_____。

A. 好　　　　　　B. 坏

3）判断三极管的基极_____。

A. 1 号脚为基极　　B. 2 号脚为基极　　C. 3 号脚为基极

4）判断电解电容_____。

A. 有充放电功能　B. 开路　　　C. 短路

（2）测量电压 U_2、U_c、U_o 及电流 I、I_z、I_o 填入下表中。

U_1	U_2	U_c	U_o	I	I_z	I_o
220V						

（3）根据测量结果简述电路工作原理。

课题 15 负载变化的单相全波整流、电容滤波、稳压管稳压电路安装与调试

教学目的

（1）掌握负载变化的单相全波整流、电容滤波、稳压管稳压电路工作原理和元器件参数的选择。

（2）完成电路的安装、调试。

任务分析

能正确识别各种电子元件，正确判断其使用场合，能利用仪器仪表对元件性能进行快速判断，完成电路的安装，使用仪表检测电路各点电压、电流。

基础知识

负载变换的单相全波整流、电容滤波、稳压管稳压电路如图 15-1 所示，220V 交流电压经变压器降压后输出交流 12V，整流二极管 V1、V2 进行单相全波整流得到直流电压，由电容 C 滤波，再经限流电阻 R1 和稳压管 V3 组成的电路稳压，电阻 R3、R4 组成"负载电阻 1"，电阻 R5、R6 组成"负载电阻 2"。无论开关 S 闭合或断开，电路的输出电压基本稳定。

电压表在测量电压时为使测量准确，且不改变原来电路的工作状态并减小表耗功率，要求电压表的并联线圈内阻尽量大，测试量程越大，电压表的内阻也越大。

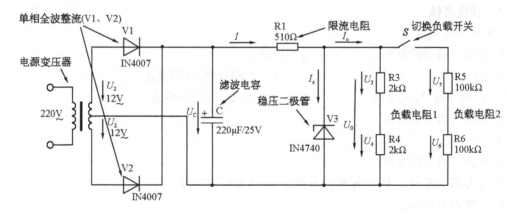

图 15-1 单相全波整流、电容滤波、稳压管稳压电路分析

技能训练

一、技能训练要求（考核时间 30 分钟）

（1）用万用表测量二极管、三极管和电容，判断其性能。

（2）根据课题要求，按照电路图完成电子元件的安装，线路布局美观、合理。

（3）按照要求进行线路调试，并测定电压、电流值。

二、技能训练内容

(1) 按电路元件明细表配齐元件，并筛选出技术参数合适的元件。

(2) 按电路要求进行安装，如遇故障自行排除。

(3) 安装后，通电调试测量电压 U_2、U_c、U_o；电流 I、I_z、I_o 及四个负载电阻上的电压 U_3、U_4、U_5、U_6。

(4) 根据测量结果简述电路工作原理，说明电压表内阻对测量的影响。

三、技能训练使用的设备、工具、材料

专用电子印刷线路板一块；万用表一只；焊接工具一套；相关元器件一批；多抽头变压器（220V/12V，12V）一只。

四、技能训练步骤

(1) 根据图 15-1 配齐电路中所需的电子元件，清单见下表。

负载变化的单相全波整流、电容滤波、稳压管稳压电路元件清单表

序　　号	符　　号	名　　称	型号与规格	数　　量
1	V1	二极管	1N4007	1
2	V2	二极管	1N4007	1
3	V3	稳压管	1N4740(10V)	1
4	C	电容器	$220\mu F/25V$	1
5	R3	电阻	RT、$2k\Omega$、1/2W	1
6	R4	电阻	RT、$2k\Omega$、1/2W	1
7	R5	电阻	RT、$100k\Omega$、1/2W	1
8	R6	电阻	RT、$100k\Omega$、1/2W	1
9	S	开关	MTS-102(ON-ON)/3A 250V	1

(2) 正确识别元件并使用万用表测试二极管、电容器的性能，测试电阻的阻值。

(3) 清除各元件引脚处的氧化层和空心铆钉的氧化层，清除后搪锡。

(4) 考虑元件在电路板上的布局，注意二极管、电容器极性及电阻阻值。

(5) 元件置于如图 15-2 所示位置，并进行焊接（从左到右将元件焊在电路板上）。

(6) 调试：参考课题 11。

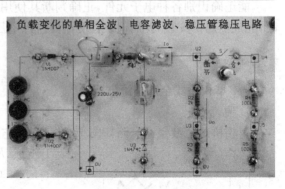

图 15-2　元件布置图

五、技能考核

(1) 元件检测：

1) 判断二极管的好坏_____并选择原因_____。

A. 好　　　　　　　B. 坏　　　　　　　C. 正向导通，反向截止

D. 正向导通，反向导通　　　　　　　E. 正向截止反向截止

2) 判断三极管的好坏_____。

A. 好　　　　　　　B. 坏

3) 判断三极管的基极_____。

A. 1 号脚为基极　　B. 2 号脚为基极　　C. 3 号脚为基极

4) 判断电解电容_____。

A. 有充放电功能　　B. 开路　　　　　　C. 短路

(2) 在开关合上及打开的两种情况下,测量电压 U_2、U_c、U_o;电流 I、I_z、I_o 及四个负载电阻上的电压 U_3、U_4、U_5、U_6 填入下表中(由考评员任选三个参数进行测量)。

开关 S 的状态	U_2	U_c	U_o	I	I_z	I_o	U_3	U_4	U_5	U_6
合上										
打开										

(3) 根据测量结果简述电路工作原理,说明电压表内阻对测量的影响。

课题 16　单相桥式整流、电容滤波电路安装与调试

教学目的

(1) 掌握单相整流、电容滤波电路工作原理和元器件参数的选择。

(2) 完成电路的安装、调试。

任务分析

能正确识别各种电子元件,正确判断其使用场合,能利用仪器仪表对元件性能进行快速判断,完成电路的安装,使用仪表检测电路各点电压、电流。

基础知识

一、单相桥式全波整流电路

1. 电路图

单相桥式全波整流电路如图 16-1 所示,它由四只整流二极管 V1、V4 电路和电源变压器 T 组成,R_L 为负载。

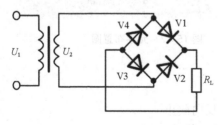

图 16-1　单相桥式全波整流电路

2. 工作原理

(1) V2 正半周时,如图 16-2a 所示,A 点电位高于 B 点电位,则 V1、V3 导通(V2、V4 截止),I_1 自上而下流过负载 R_L。

(2) V2 负半周时,如图 16-2b 所示,A 点电位低于 B 点电位,则 V2、V4 导通(V1、V3 截止),I_2 自上而下流过负载 R_L。

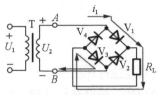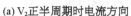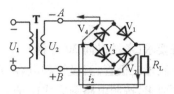

(a) V_2正半周期时电流方向　　(b) V_2负半周期时电流方向

图 16-2　桥式整流电路工作过程

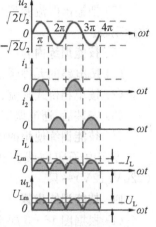

由波形图 16-3 可见，U2 周期内，两组整流二极管轮流导通产生的单方向电流 I_1 和 I_2 叠加形成了 I_L，于是负载得到全波脉动直流电压 U_L。

3. 负载和整流二极管上的电压和电流

(1) 负载电压：
$$U_L = 0.9U_2$$

(2) 负载电流：
$$I_L = \frac{U_L}{R_L} = \frac{0.9U_2}{R_L}$$

(3) 二极管的平均电流：
$$I_V = \frac{1}{2}I_L$$

(4) 如图 16-4 所示，二极管承受反向峰值电压为 $U_{RM} = \sqrt{2}U_2$

图 16-3　桥式整流电路工作波形图

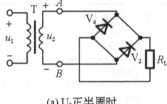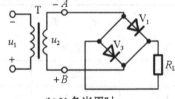

(a) U_2正半周时　　(b) U_2负半周时

图 16-4　桥式整流二极管承受的反向峰值电压

二、单相桥式整流电路、电容滤波电路

单相桥式整流电路、电容滤波电路如图 16-5 所示，220V 交流电压经变压器降压后输出交流 12V，经整流二极管 V1~V4 组成单相桥式全波整流后得到直流电压，然后经电容 C 滤波。调节电位器 RP 可以改变输出负载阻值，输出电流随之发生变化，电位器 RP 两端的输出电压也随之改变。

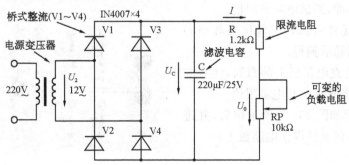

图 16-5　单相桥式整流电路、电容滤波电路图

技能训练

一、技能训练要求(考核时间 30 分钟)

(1) 用万用表测量二极管、三极管和电容,判断其性能好坏。

(2) 根据课题要求,按照电路图完成电子元件的安装,线路布局美观、合理。

(3) 按照要求进行线路调试,并测定电压、电流值。

(4) 测量电路的外特性并填入表中,通过测量结果说明电路的外特性。

(5) 把输出电流调到 8mA,测量在下列各种故障情况下的输出电压,根据测量结果说明其故障现象。

二、技能训练内容

(1) 按电路的元件明细表配齐元件,并筛选出技术参数合适的元件。

(2) 按单相桥式整流、电容滤波电路进行安装,如遇故障自行排除。

(3) 安装后,通电调试,并测量电压及电流值。

三、技能训练使用的设备、工具、材料

专用电子印刷线路板一块;万用表一只;焊接工具一套;相关元器件一批;变压器(220V/12V)一只。

四、技能训练步骤

(1) 根据图 16-5 配齐电路中所需的电子元件,清单见下表。

单相桥式整流、电容滤波电路元件清单表

序　号	符　号	名　称	型号与规格	数　量
1	V1	二极管	1N4007	1
2	V2	二极管	1N4007	1
3	V3	二极管	1N4007	1
4	V4	二极管	1N4007	1
5	C	电容器	$220\mu F/25V$	1
6	R1	电阻	RT、$1.2k\Omega$、1/2W	1
7	RP	电位器	WH05-$10k\Omega$	1

(2) 正确识别元件,并使用万用表测试二极管、电容器的性能,测试电阻的阻值。

(3) 清除各元件引脚处的氧化层和空心铆钉的氧化层,清除后搪锡。

(4) 考虑元件在电路板上的布局,注意二极管、电容器、二极管极性及电阻阻值。

(5) 元件置于如图 16-6 所示位置,并进行焊接(从左到右将元件焊在电路板上)。

(6) 调试:

1) 检查元件及背后连接线。

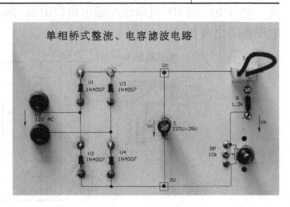

图 16-6　元件的布置图

2) 接通电源,将万用表置于合适的交流电压挡测量输入交流电压,测试电压时万用表表杆与被测点并联。

3) 断开指定输出电路,将万用表调整到电流挡(mA),将表棒串接,调节电位器 RP,将输出电流调到规定值(2mA、4mA、6mA、8mA 或 10mA),具体方法如图 16 - 7 所示。

4) 将断路处恢复,并将万用表调到直流电压挡,将表棒并联在测量电路中电位器 RP 两端并记录电压值,具体方法如图 16 - 8 所示,注意红、黑表棒的放置位置。

 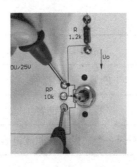

图 16 - 7　调节电位器 RP(2mA)　　　　图 16 - 8　测量电位器 RP 两端的直流电压

5) 接通电路输入电源,调节电位器 RP,同时观察万用表显示值,将输出直流电流调整到 8mA(图 16 - 9)。

图 16 - 9　调整输出电流到 8mA

6) 切断电路输入电源,使用电烙铁将电路板上元件拆下来(断开一个二极管、断开滤波电容、断开一个二极管及滤波电容),接通电路输入电源,用万用表测试电路输出电压并记录。

五、技能考核

(1) 元件检测:

1) 判断二极管的好坏_____并选择原因_____。

A. 好　　　　　　B. 坏　　　　　　C. 正向导通,反向截止

D. 正向导通,反向导通　　　　　　E. 正向截止反向截止

2) 判断三极管的好坏_____。

A. 好　　　　　　B. 坏

3) 判断三极管的基极_____。

A. 1 号脚为基极　　B. 2 号脚为基极　　C. 3 号脚为基极

4) 判断电解电容_____。

A. 有充放电功能　　B. 开路　　　　　C. 短路

（2）测量电路的外特性并填入表中，根据测量结果解释其电路外特性。

输出电流(mA)	2	4	6	8	10
输出电压(V)					

（3）把输出电流调到8mA，测量在下列各种故障情况下的输出电压，根据测量结果解释其故障现象。

故　障　点	输　出　电　压
断开一个二极管	
断开滤波电容	
断开一个二极管及滤波电容	

课题 17　单相桥式整流、电容滤波、稳压管稳压电路安装与调试

教学目的

（1）掌握单相桥式整流、电容滤波、稳压管稳压电路工作原理和元器件参数的选择。
（2）完成电路的安装、调试。

任务分析

能正确识别各种电子元件，正确判断其使用场合，能利用仪器仪表对元件性能进行快速判断，完成电路的安装，使用仪表检测电路各点电压、电流。

基础知识

单相桥式整流电路、电容滤波电路

单相桥式整流电路、电容滤波、稳压管稳压电路如图17-1所示，220V交流电压经变压器降压后输出交流12V，整流二极管V1～V4经单相桥式全波整流得到直流电压，经电容C滤波，再经限流电阻R1和稳压管V5组成的稳压电路与负载电阻R2并联，这样，得到一个比较稳定的输出电压。

技能训练

一、技能训练要求（考核时间30分钟）

（1）用万用表测量二极管、三极管和电容，判断其性能。
（2）根据课题要求，按照电路图完成电子元件的安装，线路布局美观、合理。
（3）按照要求进行线路调试，并测定电压、电流值。

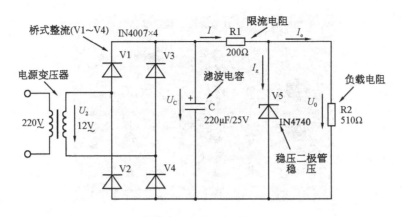

图 17-1 单相桥式整流电路、电容滤波、稳压管稳压电路图

(4) 测量电压 U_2、U_c、U_o 及电流 I、I_z、I_o。

二、技能训练内容

(1) 按电路元件明细表配齐元件,并筛选出技术参数合适的元件。

(2) 按单相桥式整流、电容滤波电路进行安装,如遇故障自行排除。

(3) 安装后,通电调试,并测量电压及电流值。

三、技能训练使用的设备、工具、材料

专用电子印刷线路板一块;万用表一只;焊接工具一套;相关元器件一批;变压器 (220V/12V)一只。

四、技能训练步骤

(1) 根据图 17-1 所示配齐电路中所需电子元件,清单见下表。

单相桥式整流、电容滤波、稳压管稳压电路元件清单表

序 号	符 号	名 称	型号与规格	数 量
1	V1	二极管	1N4007	1
2	V2	二极管	1N4007	1
3	V3	二极管	1N4007	1
4	V4	二极管	1N4007	1
5	V5	稳压二极管	1N4740	1
6	C	电容器	220μF/25V	1
7	R1	电阻	RT、200Ω、1/2W	1
8	R2	电阻	RT、510Ω、1/2W	1

(2) 正确识别元件并使用万用表测试二极管、电容器的性能,测试电阻的阻值。

(3) 清除各元件引脚处的氧化层和空心铆钉的氧化层,清除后搪锡。

(4) 考虑元件在电路板上的布局,注意二极管、电容器极性及电阻阻值。

(5) 元件置于如图 17-2 所示位置,并进行焊接(从左到右将元件焊在电路板上)。

(6) 调试:参考课题 12。

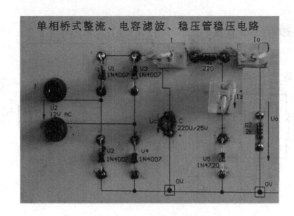

图 17-2　元件的布置图

五、技能考核

（1）元件检测：

1）判断二极管的好坏_____并选择原因_____。

A. 好　　　　　　　　B. 坏　　　　　　　　C. 正向导通，反向截止

D. 正向导通，反向导通　　　　　　　E. 正向截止反向截止

2）判断三极管的好坏_____。

A. 好　　　　　　　　B. 坏

3）判断三极管的基极_____。

A. 1号脚为基极　　B. 2号脚为基极　　C. 3号脚为基极

4）判断电解电容_____。

A. 有充放电功能　B. 开路　　　　　C. 短路

（2）测量电压 U_2、U_c、U_o 及电流 I、I_z、I_o，填入下表中。

U_1	U_2	U_c	U_o	I	I_z	I_o
220V						

（3）根据测量结果简述电路的工作原理。

课题 18　负载变化的单相桥式整流、电容滤波、稳压管稳压电路安装与调试

教学目的

（1）掌握负载变化的单相桥式整流、电容滤波、稳压管稳压电路工作原理和元器件参数的选择。

（2）完成电路的安装、调试。

任务分析

能正确识别各种电子元件，正确判断其使用场合，能利用仪器仪表对元件性能进行快速判

断,完成电路的安装,使用仪表检测电路各点电压、电流。

基础知识

负载变化的单相桥式整流、电容滤波、稳压管稳压电路如图 18-1 所示,220V 交流电压经变压器降压后输出交流 12V,整流二极管 V1~V4 组成单相桥式整流得到直流电压,经电容 C 滤波,再经限流电阻 R1 和稳压管 V5 组成电路稳压。电阻 R2、R3 组成负载电阻 1,电阻 R4、R5 组成负载电阻 2。无论开关 S 闭合或断开时,电路的输出电压基本稳定。

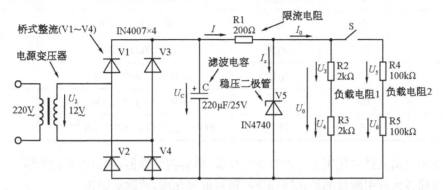

图 18-1 负载变化的单相桥式整流、电容滤波、稳压管稳压电路图

技能训练

一、技能训练要求(考核时间 30 分钟)

(1) 用万用表测量电阻、二极管、三极管和电容,判断其性能好坏。

(2) 根据课题要求,按照电路图完成电子元件的安装,线路布局美观、合理。

(3) 按照要求进行线路调试,在开关合上及打开的两种情况下,测量电压 U_2、U_c、U_0 和电流 I、I_z、I_0 及四个负载电阻上的电压 U_3、U_4、U_5、U_6。

二、技能训练内容

(1) 按电路的元件明细表配齐元件,并筛选出技术参数合适的元件。

(2) 按电路要求进行安装,如遇故障自行排除。

(3) 安装后,通电调试,并测量电压及电流值。

三、技能训练使用的设备、工具、材料

专用电子印刷线路板一块;万用表一只;焊接工具一套;相关元器件一批;变压器(220V/12V)一只。

四、技能训练步骤

(1) 根据图 18-1 配齐电路中所需的电子元件,清单见下表。

负载变化的单相桥式整流、电容滤波、稳压管稳压电路元件清单表

序　号	符　号	名　称	型号与规格	数　量
1	V1	二极管	1N4007	1
2	V2	二极管	1N4007	1
3	V3	二极管	1N4007	1

（续表）

序　号	符　号	名　称	型号与规格	数　量
4	V4	二极管	1N4007	1
5	V5	稳压二极管	1N4740	1
6	C	电容器	220μF/25V	1
7	R1	电阻	RT、200Ω、1/2W	1
8	R3	电阻	RT、2kΩ、1/2W	1
9	R4	电阻	RT、2kΩ、1/2W	1
10	R5	电阻	RT、100kΩ、1/2W	1
11	R6	电阻	RT、100kΩ、1/2W	1
12	S	开关	MTS‐102(ON‐ON)/3A 250V	1

（2）正确识别元件并使用万用表测试二极管、电容器的性能，测试电阻的阻值。

（3）清除各元件引脚处的氧化层和空心铆钉的氧化层，清除后搪锡。

（4）考虑元件在空心铆钉板上的布局，注意二极管、电容器、二极管极性及电阻阻值。

（5）元件置于如图 18‐2 所示位置，并进行焊接（从左到右将元件焊在电路板上）。

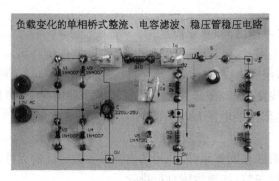

图 18‐2　元件的布置图

（6）调试：参考课题 12。

五、技能考核

（1）元件检测：

1）判断二极管的好坏_____并选择原因_____。

A. 好　　　　　　B. 坏　　　　　　C. 正向导通，反向截止

D. 正向导通，反向导通　　　　　　E. 正向截止反向截止

2）判断三极管的好坏_____。

A. 好　　　　　　B. 坏

3）判断三极管的基极_____。

A. 1 号脚为基极　　B. 2 号脚为基极　　C. 3 号脚为基极

4）判断电解电容_____。

A. 有充放电功能　　B. 开路　　　　　C. 短路

（2）在开关合上及打开的两种情况下，测量电压 U_2、U_c、U_o；电流 I、I_z、I_o 及四个负载电阻上的电压 U_3、U_4、U_5、U_6填入下表中。

开关 S 的状态	U_2	U_c	U_o	I	I_z	I_o	U_3	U_4	U_5	U_6
合上										
打开										

（3）根据测量结果简述电路工作原理，说明电压表内阻对测量的影响。

课题 19　单相桥式整流、RC 滤波电路安装与调试

教学目的

（1）掌握单相桥式整流、RC 滤波电路工作原理和元器件参数的选择。
（2）完成电路的安装、调试。

任务分析

能正确识别各种电子元件，正确判断其使用场合，能利用仪器仪表对元件性能进行快速判断，完成电路的安装，使用仪表检测电路各点电压、电流。

基础知识

一、复合滤波电路

LC、CLC 型滤波电路如图 19 - 1a、b 所示，它适用于负载电流较大，要求输出电压脉动较小的场合。在负载较轻时，经常采用电阻替代笨重的电感，构成 CRC 型滤波电路如图 19 - 1c 所示，因电阻对交、直流均有压降和功率损耗，故只适用于负载电流较小的场合。

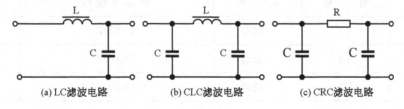

(a) LC滤波电路　　　(b) CLC滤波电路　　　(c) CRC滤波电路

图 19 - 1　复合滤波电路

二、单相桥式整流、RC 滤波电路

单相桥式整流、RC 滤波电路如图 19 - 2 所示，220V 交流电压经变压器降压后输出交流 12V，经整流二极管 V1～V4 组成单相桥式整流后得到直流电压，电容 C1、C2 组成 CRC 型滤波电路获得脉动很小的输出电压。调节电位器 RP 可以改变输出电流大小，当输出电流增大时电位器 RP 两端的输出电压随之减小，反之则增大。

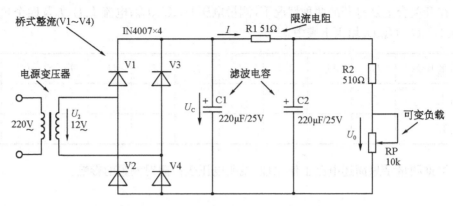

图19-2 单相桥式整流、RC滤波电路图

技能训练

一、技能训练要求(考核时间30分钟)

(1)用万用表测量二极管、电阻和电容,判断其性能好坏。

(2)根据课题要求,按照电路图完成电子元件的安装,线路布局美观、合理。

(3)按照要求进行线路调试,并测量电压及电流值。

二、技能训练内容

(1)按电路的元件明细表配齐元件,并筛选出技术参数合适的元件。

(2)按单相桥式整流、RC滤波电路进行安装,如遇故障自行排除。

(3)安装后,通电调试,并测量电压及电流值。

三、技能训练使用的设备、工具、材料

专用电子印刷线路板一块;万用表一只;焊接工具一套;相关元器件一批;变压器(220V/12V)一只。

四、技能训练步骤

(1)根据图19-2所示配齐电路中所需的电子元件,清单见下表。

单相桥式整流、RC滤波电路元件清单表

序　号	符　号	名　　称	型号与规格	数　量
1	V1	二极管	1N4007	1
2	V2	二极管	1N4007	1
3	V3	二极管	1N4007	1
4	V4	二极管	1N4007	1
5	V5	稳压二极管	1N4740	1
6	C1	电容器	220μF/25V	1
7	C2	电容器	220μF/25V	1
8	R1	电阻	RT、51Ω、1/2W	1

（续表）

序　号	符　号	名　称	型号与规格	数　量
9	R2	电阻	RT、510Ω、1/2W	1
10	RP	电位器	WH05 - 10kΩ	1

（2）正确识别元件并使用万用表测试二极管、电容器的性能，测试电阻的阻值。

（3）清除各元件引脚处的氧化层和空心铆钉的氧化层，清除后搪锡。

（4）考虑元件在电路板上的布局，注意二极管、电容器极性及电阻阻值。

（5）元件置于如图 19 - 3 所示位置，并进行焊接（从左到右将元件焊在电路板上）。

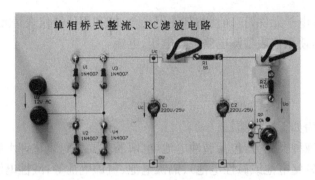

图 19 - 3　元件的布置图

（6）调试：可参考课题 16。

五、技能考核

（1）元件检测：

1）判断二极管的好坏＿＿＿＿＿并选择原因＿＿＿＿＿。

A. 好　　　　　　　B. 坏　　　　　　　C. 正向导通，反向截止

D. 正向导通，反向导通　　　　　　E. 正向截止反向截止

2）判断三极管的好坏＿＿＿＿＿。

A. 好　　　　　　　B. 坏

3）判断三极管的基极＿＿＿＿＿。

A. 1 号脚为基极　　B. 2 号脚为基极　　C. 3 号脚为基极

4）判断电解电容＿＿＿＿＿。

A. 有充放电功能　　B. 开路　　　　C. 短路

（2）把输出电流调到 8mA，测量下列各种故障情况下的输出电压，根据测量结果解释故障现象。

故　障　点	输　出　电　压
断开一个二极管	
断开滤波电容	
断开一个二极管及滤波电容	

课题 20 镍铬电池充电器电路安装与调试

教学目的

(1) 掌握镍铬电池充电器电路工作原理和元器件参数的选择。

(2) 完成电路的安装、调试。

任务分析

能正确识别各种电子元件,正确判断其使用场合,能利用仪器仪表对元件性能进行快速判断,完成电路的安装,使用仪表检测电路各点电压、电流。

基础知识

一、镍镉电池

通常,电池可分为如下三大类:

第一类:按电解液种类划分:包括碱性电池,电解质主要以氢氧化钾水溶液为主的电池,如碱性锌锰电池(俗称碱锰电池或碱性电池)、镉镍电池、氢镍电池等;酸性电池,主要以硫酸水溶液为介质,如铅酸蓄电池;中性电池,以盐溶液为介质,如锌锰干电池(有的消费者也称之为酸性电池)、海水激活电池等;有机电解液电池,主要以有机溶液为介质的电池,如锂电池、锂离子电池等。

第二类:按工作性质和贮存方式划分:包括一次电池,又称原电池,即不能再充电的电池,如锌锰干电池、锂原电池等;二次电池,即可充电电池,如氢镍电池、锂离子电池、镉镍电池等;蓄电池习惯上指铅酸蓄电池,也是二次电池;燃料电池,即活性材料在电池工作时才连续不断地从外部加入电池,如氢氧燃料电池等;贮备电池,即电池贮存时不直接接触电解液,直到电池使用时,才加入电解液,如镁-氯化银电池又称海水激活电池等。

第三类:按电池所用正、负极为材料划分:包括锌系列电池,如锌锰电池、锌银电池等;镍系列电池,如镉镍电池、氢镍电池等;铅系列电池,如铅酸电池等;锂系列电池、锂镁电池;二氧化锰系列电池,如锌锰电池、碱锰电池等;空气(氧气)系列电池,如锌空电池等。

镍镉(NiCd)电池自 19 世纪末发明,并于 1960 年实用化,现广泛用于消防、家用电器、办公机器、通信设备和电动工具等方面的多次充电。镍镉电池正极板上的活性物质由氧化镍粉和石墨粉组成,石墨不参加化学反应,其主要作用是增强导电性。负极板上的活性物质由氧化镉粉和氧化铁粉组成,氧化铁粉的作用是使氧化镉粉有较高的扩散性,防止结块,并增加极板的容量。活性物质分别包在穿孔钢带中,加压成型后即成为电池的正负极板。极板间用耐碱的硬橡胶绝缘棍或有孔的聚氯乙烯瓦楞板隔开。电解液通常用氢氧化钾溶液。镍镉电池可重复 500 次以上的充放电,经济耐用。其内部抵制力小,既内阻很小,可快速充电,又可为负载提供大电流,而且放电时电压变化很小,是一种非常理想的直流供电电池。它的单体有圆筒形(图 20-1)、纽扣形、硬币形和方形 4 种,单体电压 1.2V 左右,亦可应用户需要将直列式的多数电池连接起来放在收缩性树脂、成形树脂中应用。

电池的额定容量指在一定放电条件下,电池放电至截止电压时放出的电量。IEC 标准规定镍镉和镍氢电池在(20±5)℃环境下,以 0.1C 充电 16h 后以 0.2C 放电至 1.0V 时所放出的电量为电池的额定容量。单位有 A·h,mA·h(1A·h=1 000mA·h)。镍镉电池在使用过程中,如果放电不完全就又充电,下次再放电时,就不能放出全部电量。

图 20 - 1　镍镉电池

二、镍铬电池充电器电路

镍铬电池充电器电路如图 20 - 2 所示,220V 交流电压经变压器降压后输出交流 4.3V,经整流二极管 V1 或 V2 半波整流,再经限流电阻 R1、R2 后,分别对电池 G1、G2 充电。发光二极管 V3、V4 为充电指示灯。

半波整流电回路中只有一个二极管,其导通电阻较小,全波整流回路中有两个二极管,其导通电阻比一个二极管要大。在充电回路中电阻越大,充电速度越慢。所以半波整流充电器充电比全波充电速度快。

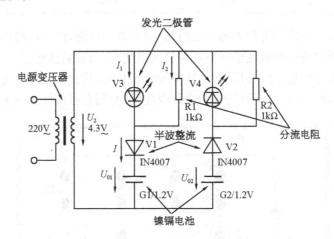

图 20 - 2　镍铬电池充电器电路图

技能训练

一、技能训练要求(考核时间 30 分钟)

(1) 用万用表测量二极管、三极管和电容,判断其性能。

(2) 根据课题要求,按照电路图完成电子元件的安装,线路布局美观、合理。

(3) 按照要求进行线路调试,并测量电压及电流值。

二、技能训练内容

(1) 按电路的元件明细表配齐元件,并筛选出技术参数合适的元件。

(2) 按镍铬电池充电器电路进行安装,如遇故障自行排除。

(3) 安装后,通电调试,并测量电压及电流值。

三、技能训练使用的设备、工具、材料

专用电子印刷线路板一块;万用表一只;焊接工具一套;相关元器件一批;变压器(220V/4.3V)一只。

四、技能训练步骤

（1）根据图 20-2 所示配齐电路中所需的电子元件，清单见下表。

镍铬电池充电器电路元件清单表

序　号	符　号	名　称	型号与规格	数　量
1	V1	二极管	1N4007	1
2	V2	二极管	1N4007	1
3	V3	发光二极管		1
4	V4	发光二极管		1
5	R1	电阻	RT、1kΩ、1/2W	1
6	R2	电阻	RT、1kΩ、1/2W	1
7	G1	电池	Nicd AA 1.2V	1
8	G2	电池	Nick AA 1.2V	1

（2）正确识别元件并使用万用表测试二极管、电容器的性能，测试电阻的阻值。

（3）清除各元件引脚处的氧化层和空心铆钉的氧化层，清除后搪锡。

（4）考虑元件在电路板上的布局，背后连接导线走直线，连接线之间不能跨越。

（5）元件置于如图 20-3 所示位置，并进行焊接（从左到右将元件焊在电路板上）。

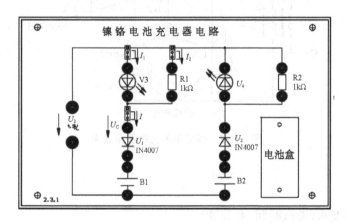

图 20-3　元件的布置图

（6）调试：

1）检查元件及背后连接线情况下。

2）接通电源，将万用表置于合适的交流电压挡测量输入交流电压，测试电压时万用表表棒与被测点并联。

3）用万用表直流电压挡测量电路中各点直流电压，注意红、黑表棒的放置位置（红表棒接＋，黑表棒接－）。

4）测量直流电流时，将万用表的一个转换开关置于直流电流挡合适量程，测量时必须先断开该部分测试电路，然后按照电流从"＋"到"－"的方向，将万用表串联到被测电路中，即电流从红表笔流入，从黑表笔流出。

五、技能考核

(1) 元件检测：

1) 判断二极管的好坏_____并选择原因_____

A. 好　　　　　　　　B. 坏　　　　　　　　C. 正向导通,反向截止

D. 正向导通,反向导通　　　　　　　　E. 正向截止反向截止

2) 判断三极管的好坏_____。

A. 好　　　　　　　　B. 坏

3) 判断三极管的基极_____。

A. 1 号脚为基极　　　B. 2 号脚为基极　　　C. 3 号脚为基极

4) 判断电解电容_____。

A. 有充放电功能　　B. 开路　　　　　　C. 短路

(2) 测量变压器次级电压 U_2、电池两端的电压为 U_{o1} 及电池充电电流 I、发光二极管电流 I_1 及电阻上的电流 I_2,填入下表中。

U_2	U_{o1}	I	I_1	I_2

(3) 根据测量结果简述电路的工作原理。

课题 21 　**三相异步电动机连续与点动混合控制线路安装与调试**

教学目的

(1) 掌握低压电器的工作原理及选配原则;掌握电气国家标准的图形符号与文字符号。

(2) 能熟练使用常用电工工具,完成三相异步电动机连续与点动混合控制线路的安装、调试。

(3) 能处理电气控制线路中的故障。

(4) 能执行电气安全操作规程。

任务分析

掌握电气控制原理,能正确选择合适的低压控制电器,根据电气控制电路图进行安装、调试。遇到电气故障能对故障原因进行分析,并利用仪表快速进行判断、修复。

基础知识

一、电气原理图绘制规则

1. 电路图

电路图一般分为主电路和辅助电路两部分。所使用的电器元件必须按照国家标准中统一规定的图形符号和文字符号进行绘制和标注;各电器元件的导电部件如线圈和触点的位置,应

根据便于阅读和分析的原则来安排,绘在它们完成作用的地方;所有电器的触点符号都应按照没有通电时或没有外力作用下的原始状态绘制;图面应标注出各功能区域和检索区域;根据需要可在电路图中各接触器或继电器线圈的下方,绘制出所对应的触点所在位置的位置符号图。

2. 电气原理图

电气原理图一般分主电路和辅助电路(控制电路)两部分。主电路画在原理图的左侧,其连接线路用粗实线绘制;控制电路画在原理图的右侧,其连接线路用细实线绘制;电气原理图中所有电器元件都应采用国家标准中统一规定的图形符号和文字符号表示。控制系统内的全部电机、电器和其他器械的带电部件,都应在原理图中表示出来。原理图中,各个电气元件和部件在控制线路中的位置,应根据便于阅读的原则安排。同一元器件的各个部件可以不画在一起。例如,接触器、继电器的线圈和触点可以不画在一起。图中元件、器件和设备的可动部分,都按没有通电和没有外力作用时的开闭状态画出。例如,继电器、接触器的触点,按吸引线圈不通电状态画;主令控制器、万能转换开关按手柄处于零位时的状态画;按钮、行程开关的触点按不受外力作用时的状态画等。

电气原理图中,有直接联系的交叉导线连接点要用黑圆点表示;无直接联系的交叉导线连接点不画黑圆点。

每个器件及它们的部件用规定的图形符号表示,且每个器件有一个专属文字符号。属于同一个器件的各个部件采用同一文字符号表示。

为了看图方便,电路应按动作顺序和信号流自左向右的原则绘制。

二、电器元件位置图的绘制规则

位置图用来表示成套装置、设备中各个项目位置的一种图。例如,图21-1为某机床电器位置图,图中详细地绘制出了电气设备中每个电器元件的相对位置,图中各电器元件的文字代号必须与相关电路图中电器元件的代号相同。

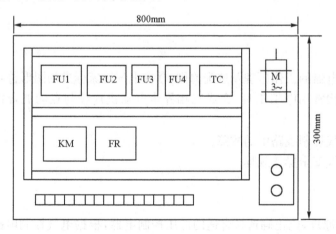

图 21-1 位置图

位置图中体积大和较重的电器元件应安装在电器板的下面,而发热元件应安装在电器板的上面;强电弱电分开并注意屏蔽,防止外界干扰;电器元件的布置应考虑整齐、美观、对称。外形尺寸与结构类似的电器安放在一起,以利加工、安装和配线;需要经常维护、检修、调整的电器元件安装位置不宜过高或过低;电器元件布置不宜过密,若采用板前走线槽配线方式,应适当加大各排电器间距,以利布线和维护。

三、电器安装接线图的绘制规则

接线图是电气装备进行施工配线、敷线和校线工作时所应依据的图样之一。它必须符合电器装备的电路图的要求,并清晰地表示出各个电器元件和装备的相对安装与敷设位置,以及它们之间的电连接关系。它是检修和查找故障时所需的技术文件,如图 21 - 2 所示。在国家标准 GB6988.5—86《电气制图、接线图和接线表》中详细规定了编制接线图的规则。

(1)各电器元件用规定的图形符号绘制,同一电器元件的各部件必须画在一起。各电器元件在图中的位置应与实际的安装位置一致。

(2)不在同一控制柜或配电屏上的电器元件的电气连接必须通过端子排进行连接。各电器元件的文字符号及端子排的编号应与原理图一致,并按原理图的连线进行连接。

(3)走向相同的多根导线可用单线表示。

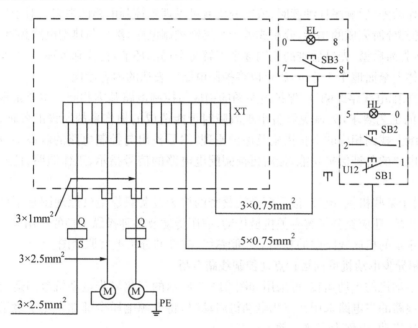

图 21 - 2 电器安装接线图

四、线路和三相电气设备端标记原则

(1)线路采用字母、数字、符号及其组合标记。

(2)三相交流电源采用 L1、L2、L3 标记,中性线采用 N 标记。电源开关之后的三相交流电源主电路分别按 U、V、W 顺序标记。

(3)分级三相交流电源主电路采用三相文字代号 U、V、W 前加上阿拉伯数字 1、2、3 等来标记如:1U、1V、1W 及 2U、2V、2W 等。

(4)控制电路采用阿拉伯数字编号,一般由三位或三位以下的数字组成。标记方法按"等电位"原则进行。

(5)在垂直绘制的电路中,标号顺序一般由上至下编号;凡是被线圈、绕组、触点或电阻、电容元件所间隔的线段,都应标以不同的阿拉伯数字来作为线路的区分标记。

五、电气原理图的阅读方法

电气原理图是用来表明电气的工作原理及各电器元件的作用、相互之间的关系的一种表示方式。掌握了阅读电气原理图的方法和技巧,对于分析电气线路,排除电路故障是十分有益的。电气原理图一般由主电路、控制电路、保护、配电电路等几部分组成。阅读方法如下：

(1) 主电路的阅读：阅读主电路时，应首先了解主电路中有哪些用电设备，各起什么作用，受哪些电器的控制，工作过程及工作特点是什么(如电动机的启动、制动方式、调速方式等)，然后再根据生产工艺的要求了解各用电设备之间的联系。在充分了解主电路的控制要求及工作特点的基础上，再阅读控制电路图(如各电动机启动、停止的顺序要求、联锁控制及动作顺序控制的要求等)。

(2) 控制电路的阅读：控制电路一般是由开关、按钮、接触器、继电器的线圈和各种辅助触点构成，无论简单或复杂的控制电路，一般均是由各种典型电路(如延时电路、联锁电路、顺控电路等)组合而成，用以控制主电路中受控设备的启动、运行、停止，使主电路中的设备按设计工艺的要求正常工作。对于简单的控制电路，只要依据主电路要实现的功能，结合生产工艺要求及设备动作的先、后顺序仔细读阅，依次分析就可以理解控制电路的内容。对于复杂的控制电路，要按各部分所完成的功能，分割成若干个局部控制电路，然后与典型电路相对照，找出相同之处，本着先简后繁、先易后难的原则逐个理解每个局部环节，再找到各环节的相互关系，综合起来从整体上全面地作一分析，就可以将控制电路所表达的内容读懂。

(3) 保护、配电线路的阅读：保护电路图的构成与控制电路基本相同。主要是根据电气原理图要达到的工艺要求，为避免设备出现故障时可能造成的损伤事故所设的各种保护功能。阅读时在图纸上找到相应的保护措施及保护原理，然后找出与控制电路的联系加以理解。这样就能掌握电路的各种保护功能，最后再读阅配电电路的信号指示、工作照明、信号检测等方面的电路。

当然，对于某些机械、电气、液压配合较紧密的机床设备只靠电气原理图是不可能全部理解其控制过程的，还应充分了解有关机械传动，液压传动及各种操纵手柄的作用等。此外只有在阅读了一定量的机床线路图的基础上才能熟练、准确的分析电气原理图。

六、三相异步电动机单向运行点动控制线路分析

为实现电动机的点动运转，可采用如图 21-3 所示的三相异步电动机单向运行点动控制线路。这种线路的主电路采用在三相电动机启动时，将电源电压全部加在定子绕组上的启动方式称为全压启动，也称为直接启动。

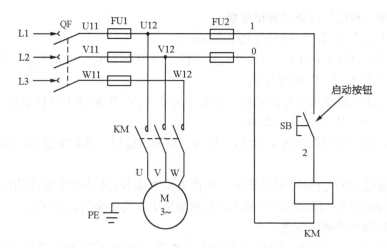

图 21-3　三相异步电动机单向运行点动控制线路图

全压启动时,电动机的启动电流可达到电动机额定电流的 4~7 倍。容量较大的电动机的启动电流对电网具有很大的冲击,将严重影响其他用电设备的正常运行。因此,直接启动方式主要应用于小容量电动机的启动。一般来说,容量在 7.5kW 以下的小容量鼠笼式异步电动机都可直接启动。

三相异步电动机两种情况下不可直接启动:①变压器与电动机容量之比不足够大;②启动转矩不能满足要求。不能直接启动的第①种情况下需要减小启动电流,第②种情况下需要加大启动转矩。即启动必须满足的条件是:启动电流要足够小;启动转矩要足够大。

其线路工作原理如下:控制电路中加入启动按钮 SB,实现了电路的点动工作。

先合上电源开关 QF。

启动:按下按钮 SB,KM 线圈得电,KM 主触头闭合,电动机 M 启动运转。

停止:松开按钮 SB,KM 线圈失电,KM 主触头分断,电动机 M 失电停转。

七、三相异步电动机单向运行自锁控制线路分析

为实现电动机的连续运转,可采用如图 21-4 所示的三相异步电动机单向运行自锁控制线路。这种线路的主电路和点动控制线路的主电路相同,控制电路中多串接了一个停止按钮 SB1,在启动按钮 SB2 的两端并接了接触器 KM 的一对常开辅助触头,实现了电路的连续工作。

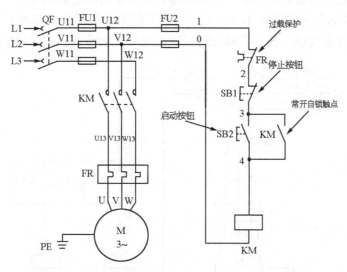

图 21-4　三相异步电动机单向运行自锁控制线路图

自锁控制是把接触器 KM 的一个常开辅助触头并联在起动按钮 SB2 的两端。常开辅助触头称为"自保"触头,而触头上、下端子的联线称为"自保线"。具有接触器自锁的控制线路,还有一个重要的功能是:对负载(电动机等)具有欠压和失压(零压)保护作用。

其线路工作原理如下:

先合上电源开关 QF。

启动:按下 SB2 → KM 线圈得电 ┌ KM 主触头闭合 ┐ → 电动机 M 运转。
　　　　　　　　　　　　　　 └ KM 自锁触头闭合 ┘

停止:按下 SB1 → KM 线圈失电 ┌ KM 主触头分断 ┐ → 电动机 M 停转。
　　　　　　　　　　　　　　 └ KM 自锁触头分断 ┘

实物示意如图 21-5 所示。

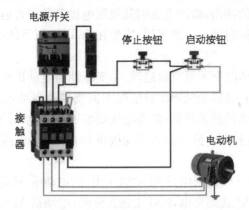

图 21-5 三相异步电动机单向运行自锁控制线路实物示意图

八、三相异步电动机连续与点动混合控制线路分析

为实现电动机的连续与点动混合控制,可采用如图 21-6 所示的三相异步电动机单向运行连续与点动混合控制。这种线路的主电路和点动控制线路的主电路相同,控制电路中利用中间继电器来实现控制,在启动按钮 SB2 的两端并接了中间继电器 KA 的一对常开辅助触头实现了中间继电器 KA 连续工作,KA 的另一对常开辅助触头闭合后实现了接触器 KM 连续工作,从而达到电路的连续工作。启动按钮 SB3 完成对接触器 KM 的点动控制。

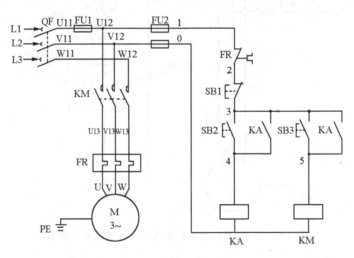

图 21-6 三相异步电动机连续与点动混合控制线路图

其线路工作原理如下:

先合上电源开关 QF。

(1) 连续工作:

按下SB2 ──→ KA线圈得电 ──→ KA常开触头闭合 ──→ KM线圈得电 ──→ KM主触头闭合 ──→ ①
　　　　　　　　　　　　　　──→ KA自锁触头闭合。

① ──→ 电动机M连续运转。

按下SB1──→ KA线圈失电──→ KA常开触头分断──→ KM线圈失电──→ KM主触头分断──→ 电动机M失电停转。

(2) 点动工作：

按下SB3 ━━➤ KM线圈得电 ━━➤ KM主触头闭合 ━━➤ 电动机M点动运转。

松开SB3 ━━➤ KM线圈失电 ━━➤ KM主触头分断 ━━➤ 电动机M失电停转。

技能训练

一、技能训练要求(考核时间 60 分钟)

(1) 根据课题的要求，按照图 21-6 所示的三相异步电动机连续与点动混合控制线路图完成电路安装，线路布局美观、合理。

(2) 按照线路工作原理进行调试。

(3) 书面分析 2 个问题。

二、技能训练内容

(1) 根据给定的设备和仪器仪表，在规定时间内完成接线、调试、运行，达到考试规定的要求。

(2) 能用仪表测量调整和选择元件。

(3) 板面导线经线槽敷设，线槽外导线须平直各节点必须紧密，接电源、电动机及按钮等的导线必须通过接线柱引出，并有保护接地或接零。

(4) 装接完毕后，经允许后方可通电试车，如遇故障自行排除。

(5) 书面回答问题。

三、技能训练使用的设备、工具、材料

电工常用工具：测电笔、螺钉旋具、尖嘴钳、斜口钳、剥线钳、电工刀等；指针式或数字式万用表；器材：控制板一块；导线规格：主电路采用 BV1/1.37mm² 铜塑线，控制电路采用 BV1/1.13mm² 铜塑线，按钮线采用 BVR7/0.75mm² 多股软线；三相电动机。

四、技能训练步骤

(1) 根据图 21-6 所示配齐电路中所需的电控元件，清单见下表。

电气元件明细表

代 号	名 称	型 号	规 格	数 量
M	三相异步电动机	80YS25DY38-X	25W,380V,Y 接法	1
QF	三相断路器	5SU93461CR16	三级额定电流 16A	1
FU1	熔断器	RT18-32 3P	配熔体额定电流 4A	1
FU2	熔断器	RT18-32 2P	配熔体额定电流 2A	1
KM	交流接触器	3TB4022-0XQ0	线圈额定电压 380V	1
KA	中间继电器	3TH8022-44E	线圈额定电压 380V	1
FR	热过载继电器	3UA5940-0J	整定电流 0.63-1A	1
SB1	按钮	ZB2BA4C	ZB2BE101C 带触点基座	1
SB2	按钮	ZB2BA3C	ZB2BZ101C 带触点基座	1
SB3	按钮	ZB2BA2C	ZB2BZ101C 带触点基座	1

（续表）

代　　号	名　　称	型　　号	规　　格	数　　量
	导线		主电路采用 BV1/1.37mm² 铜塑线 控制电路采用 BV1/1.13mm² 铜塑线 按钮线采用 BVR7/0.75mm² 多股软线	若干
	端字板	JT8 - 2.5		1

（2）元件安装：元件的安装位置应整齐、均匀，间隔合理便于元件的更换。紧固元件时，用力要均匀，紧固程度适当。

（3）布线：进行线路布置和号码管的编套。线路安装应遵循由内到外、横平竖直的原则；尽量做到合理布线、就近走线；编码正确、齐全；接线可靠，不松动、不压皮、不反圈、不损伤线芯。

（4）检查线路正确性：安装完毕的控制线路板，必须经过认真检查以后，才允许通电试车，以防止错接、漏接造成不能正常工作或短路事故。检查时，应选用倍率适当的电阻挡，并进行校零。对控制电路的检查（可断开主电路），可将表棒分别搭在 1、0 端子上，读数应为"∞"。按下启动按钮时，读数应为接触器线圈的冷态直流电阻值（500～2kΩ），然后断开控制电路再检查主电路有无开路或短路现象，此时可用手动来代替接触器通电进行检查。模拟热继电器保护动作，测量电阻值为"∞"。

（5）连接接地保护装置，电动机的金属外壳必须可靠接地。

（6）连接电源、电动机等控制板外的导线。

（7）调试：具体调试步骤可参照三相异步电动机连续与点动混合控制线路工作原理。

五、技能考核

（1）完成三相异步电动机连续与点动混合控制线路安装、调试。

（2）按线路图书面回答问题。

1）接触器的常闭触点串联在 KM2 接触器线圈回路中，同时 KM2 接触器的常闭触点串联在 KM1 接触器线圈回路中，这种接法有何作用？

2）如果电路出现只有正转没有反转控制的故障，试分析产生该故障的接线方面的可能原因。

课题 22　两台电动机顺序启动、顺序停止控制线路安装与调试

教学目的

（1）掌握两台电动机顺序启动、顺序停止控制线路工作原理。

（2）能熟练使用常用电工工具，完成两台电动机顺序启动、顺序停止控制线路的安装、调试。

（3）能处理电气控制线路中的故障。

（4）能执行电气安全操作规程。

任务分析

掌握电气控制原理,能正确选择合适的低压控制电器,根据电气控制电路图进行安装、调试,能对电气故障原因进行分析并利用仪表快速进行判断、修复。

基础知识

一、按顺序工作时的联锁控制

在生产实践中,常要求各种机械运动部件之间或生产机械之间能够按照设定的时间先后次序或者启动的先后顺序工作,这种工作形式简称为按顺序工作。例如,车床主轴转动时,要求油泵先输送润滑油,主轴停止运转后,油泵方可停止润滑。其控制线路主要有:顺序启动、同时停止;顺序启动、顺序停止;顺序启动、逆序停止等几种。

顺序启动、停止控制线路应遵循的规律为:将控制电动机优先启动的接触器常开触点串联在控制稍后启动的电动机的接触器线圈电路中,再用若干个停止按钮控制电动机的停止顺序,或者是将需先停止的接触器常开触点与需后停止的接触器停止按钮并联。

由图 22-1 所示顺序工作时的联锁控制分析可知:

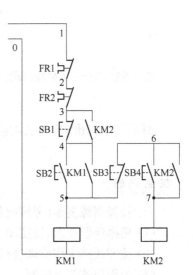

图 22-1　顺序工作时的联锁控制

(1) 当要求第一启动的接触器 KM1 工作后,方允许第二启动的接触器工作时,则在第二启动的接触器 KM2 线圈电路中串入第一启动的接触器 KM1 的动合触点。

(2) 当要求第二启动的接触器 KM2 线圈断电后,方允许第一启动的接触器线圈断电,则将第二启动的接触器 KM2 的动合触点并联在第一启动的接触器 KM1 的停止按钮两端。

二、两台电动机顺序启动、顺序停转控制线路分析

两台电动机顺序启动、顺序停转控制线路如图 22-2 所示。

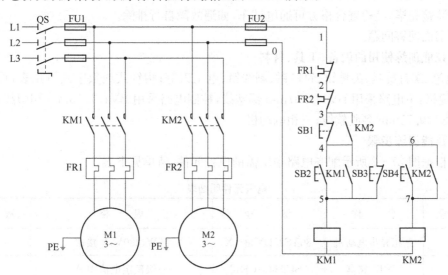

图 22-2　两台电动机顺序启动、顺序停转控制线路图

线路工作过程如下：

先合上电源开关QS，启动：

按下SB2 ──→ KM1线圈得电 ┬──→ KM1主触头闭合 ──→ 电动机M1运转
　　　　　　　　　　　　　└──→ KM1自锁触头闭合

按下SB4 ──→ KM2线圈失电 ┬──→ KM2主触头闭合 ──→ 电动机M2运转
　　　　　　　　　　　　　├──→ KM2自锁触头闭合
　　　　　　　　　　　　　└──→ KM2常开触头闭合（短接停止按钮SB1）

停止：

按下按钮SB3 ──→ KM2线圈断电 ┬──→ KM2主触头分断 ──→ 电动机M2停止运转
　　　　　　　　　　　　　　　├──→ KM2自锁触头分断
　　　　　　　　　　　　　　　└──→ KM2常开触头分段（解除短接停止按钮SB1）

当按下停止按钮SB1 ──→ KM2线圈断电 ┬──→ KM2主触头分断 ──→ 电动机M1停止运转
　　　　　　　　　　　　　　　　　　└──→ KM1自锁触头分断

技能训练

一、技能训练要求（考核时间60分钟）

（1）根据课题要求，按照图22－2所示线路图完成电路安装，线路布局美观、合理。

（2）按照线路工作原理进行调试。

（3）书面回答2个问题。

二、技能训练内容

（1）根据给定的设备和仪器仪表，在规定时间内完成接线、调试、运行，达到考试规定的要求。

（2）能用仪表测量、调整和选择元件。

（3）板面导线经线槽敷设，线槽外导线需平直，各节点必须紧密，接电源、电动机及按钮等的导线必须通过接线柱引出，并有保护接地或接零。

（4）装接完毕，经检查合格方可通电试车，如遇故障自行排除。

（5）书面回答问题。

三、技能训练使用的设备、工具、材料

测电笔、螺钉旋具、尖嘴钳、斜口钳、剥线钳、电工刀等；指针式或数字式万用表；控制板一块；导线规格：主电路采用 BV1/1.37mm 铜塑线，控制电路采用 BV1/1.13mm 铜塑线，按钮线采用 BVR7/0.75mm 多股软线；三相电动机。

四、技能训练步骤

（1）根据图27－2所示配齐电路中所需的电控元件，清单见下表。

电气元件明细表

代　号	名　称	型　号	规　格	数　量
M	三相异步电动机	80YS25DY38－X	25W,380V,Y接法	2
QF	三相断路器	5SU93461CR16	三级额定电流 16A	1

代　号	名　称	型　号	规　格	数　量
FU1	熔断器	RT18 - 32 3P	配熔体额定电流 4A	1
FU2	熔断器	RT18 - 32 2P	配熔体额定电流 2A	1
KM	交流接触器	3TB4022 - 0XQ0	线圈额定电压 380V	2
FR	热过载继电器	3UA5940 - 1A	额定电流 1 - 1.6A	2
SB1	按钮	ZB2BA4C	ZB2BE101C 带触点基座	1
SB2	按钮	ZB2BA3C	ZB2BZ101C 带触点基座	1
SB3	按钮	ZB2BA4C	ZB2BE101C 带触点基座	1
SB4	按钮	ZB2BA2C	ZB2BZ101C 带触点基座	1
	导线		主电路采用 BV1/1.37mm 铜塑线 控制电路采用 BV1/1.13mm 铜塑线 按钮线采用 BVR7/0.75mm 多股软线	若干
	端字板	JT8 - 2.5		1

（2）元件安装：元件的安装位置应整齐、均匀，间隔合理便于元件的更换。紧固元件时，用力要均匀，紧固程度适当。

（3）布线：进行线路布置和号码管的编套。线路安装应遵循由内到外、横平竖直的原则；尽量做到合理布线、就近走线；编码正确、齐全；接线可靠，不松动、不压皮、不反圈、不损伤线芯。

（4）检查线路正确性：安装完毕的控制线路板必须经过认真检查后才允许通电试车，以防止错接、漏接造成不正常工作或短路事故。检查时，应选用倍率适当的电阻挡，并进行校零。对控制电路的检查（可断开电源）可将表棒分别搭在 1、0 线端上，读数应为"∞"。按下启动按钮时，读数应为接触器线圈的冷态直流电阻值（500Ω～2kΩ），然后断开控制电路检查主电路有无开路或短路现象，此时可用手动来代替接触器进行通电检查模拟接触器动作，测量电阻值为"∞"。

（5）连接接地保护装置，电动机的金属外壳必须可靠接地。

（6）连接电源、电动机等控制板外的导线。

（7）调试：具体调试步骤可参照两台电动机顺序启动、顺序停转控制线路工作原理。

五、技能考核

（1）完成两台电动机顺序启动、顺序停转控制线路安装、调试。

（2）按线路图回答问题：

1）如果电路中的第一台电动机能正常启动，而第二台电动机无法启动，试分析产生该故障的可能原因。

2）如果电路中的第一台电动机不能正常启动，试分析产生该故障的可能原因。

课题 23 **三相异步电动机正反转控制线路安装与调试**

教学目的

(1) 掌握三相异步电动机正反转控制线路工作原理。
(2) 能熟练使用常用电工工具,完成三相异步电动机正反转控制线路的安装、调试。
(3) 能处理电气控制线路中的故障。
(4) 能执行电气安全操作规程。

任务分析

掌握电气控制原理,能正确选择合适的低压控制电器,根据电气控制电路图进行安装、调试,能对电气故障原因进行分析并利用仪表快速进行判断、修复。

基础知识

许多生产机械往往要求运动部件能向正反两个方向运动。这些生产机械要求电动机能实现正、反转控制,改变通入电动机定子绕组的三相电源、相序,在把接入电动机三相电源进线中的任意两根对调接线时,电动机可以反转。电路图如图 23 - 1 所示。

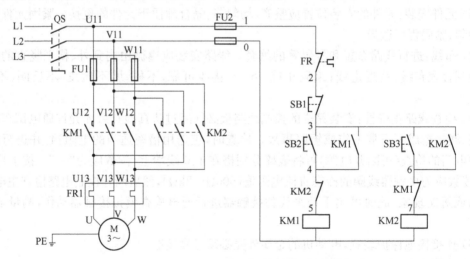

图 23 - 1 三相异步电动机正反转控制线路图

1. 电路分析

主电路中的开关 QS 起接通和隔离电源作用,熔断器 FU1 对主电路进行保护,交流接触器主触头控制电动机的起动和停止,两个交流接触器 KM1、KM2 用以改变电动机的电源相序。通电时,接触器 KM1 工作,电动机正转;而接触器 KM2 工作时,使电源线对调接入电动机定子绕组,实现反转控制,主电路如图 23 - 2 所示。KM1 和 KM2 不能同时通电或闭合,否则造成电路短路事故。

KM1 运行时:L1——U;L2——V;L3——W;

KM2 运行时：L1——W；L2——V；L3——U；

若 KM1、KM2 同时运行：L1、L2——U、W 相短路。

从控制电路上看，KM1、KM2 常闭触点形成电气互锁，称为接触器联锁电路，如图 23 - 3 所示。

在同一时间里只允许两个或多个接触器（继电器）中的一个工作的控制方式称为互锁或联锁控制，为了防止接触器主触点熔焊或机械结构失灵使主触点不能断开，若另一接触器动作会造成事故。执行的方法是在两电器线路中互串对方线路中接触器的动断常闭触点。

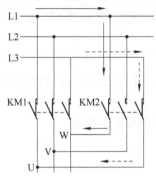

图 23 - 2　三相电源相序"交换"

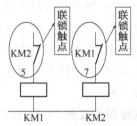

图 23 - 3　接触器联锁电路

2. 线路工作原理

先合上电源开关QS，正转启动：

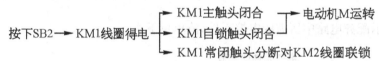

按下SB2 → KM1线圈得电 → KM1主触头闭合 → 电动机M运转
　　　　　　　　　　　　→ KM1自锁触头闭合
　　　　　　　　　　　　→ KM1常闭触头分断对KM2线圈联锁

反转启动：

按下SB3 → KM2线圈得电 → KM2主触头闭合 → 电动机M2运转
　　　　　　　　　　　　→ KM2自锁触头闭合
　　　　　　　　　　　　→ KM2常闭触头分断对KM1线圈联锁

停止时，按下停止按钮SB1 → 控制电路失电 → KM1(或KM2)主触头分断 → 电动机M失电停转。

实物示意图如图 23 - 4 所示。

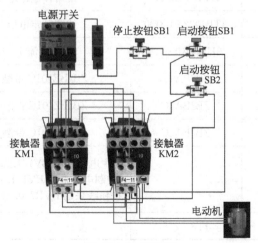

图 23 - 4　实物图

技能训练

一、技能训练要求(考核时间 60 分钟)

(1) 根据课题要求,按照图 23 - 1 所示线路图完成电路安装,线路布局美观、合理。

(2) 按照线路工作原理进行调试。

(3) 书面分析 2 个问题。

二、技能训练内容

(1) 根据给定的设备和仪器仪表,在规定时间内完成接线、调试、运行,达到考试规定的要求。

(2) 能用仪表测量、调整和选择元件。

(3) 板面导线经线槽敷设,线槽外导线需平直,各节点必须紧密,接电源、电动机及按钮等的导线必须通过接线柱引出,并有保护接地或接零。

(4) 装接完毕,经检查合格方可通电试车,如遇故障自行排除。

(5) 书面回答问题。

三、技能训练使用的设备、工具、材料

测电笔、螺钉旋具、尖嘴钳、斜口钳、剥线钳、电工刀等;指针式或数字式万用表;控制板一块;导线规格:主电路采用 BV1/1.37mm 铜塑线,控制电路采用 BV1/1.13mm 铜塑线,按钮线采用 BVR7/0.75mm 多股软线;三相电动机。

四、技能训练步骤

(1) 根据图 23 - 1 所示配齐电路中所需的电控元件,清单见下表。

电气元件明细表

代　号	名　　称	型　　号	规　　格	数　量
M	三相异步电动机	80YS25DY38 - X	25W,380V,Y 接法	1
QS	三相断路器	5SU93461CR16	三级额定电流 16A	1
FU1	熔断器	RT18 - 32 3P	配熔体额定电流 4A	1
FU2	熔断器	RT18 - 32 2P	配熔体额定电流 2A	1
KM	交流接触器	3TB4022 - 0XQ0	线圈额定电压 380V	2
FR	热过载继电器	3UA5940 - 1A	额定电流 1 - 1.6A	1
SB1	按钮	ZB2BA4C	ZB2BE101C 带触点基座	1
SB2	按钮	ZB2BA2C	ZB2BZ101C 带触点基座	1
SB3	按钮	ZB2BA3C	ZB2BZ101C 带触点基座	1
	导线		主电路采用 BV1/1.37mm 铜塑线 控制电路采用 BV1/1.13mm 铜塑线 按钮线采用 BVR7/0.75mm 多股软线	若干
	端字板	JT8 - 2.5		1

（2）元件安装：元件的安装位置应整齐、均匀，间隔合理便于元件更换，紧固元件时，用力均匀，紧固程度适当。

（3）布线：进行线路布置和号码管的编套。线路安装应遵循由内到外、横平竖直的原则；尽量做到合理布线、就近走线；编码正确、齐全；接线可靠，不松动、不压皮、不反圈、不损伤线芯。

（4）检查线路正确性：安装完毕的控制线路板必须经过认真检查后才允许通电试车，以防止错接、漏接造成不正常工作或短路事故。检查时，应选用倍率适当的电阻挡，并进行校零。对控制电路的检查（可断开电源）可将表棒分别搭在 1、0 线端上，读数应为"∞"。按下启动按钮时，读数应为接触器线圈的冷态直流电阻值（500Ω～2kΩ），然后断开控制电路检查主电路有无开路或短路现象，此时可用手动来代替接触器进行通电检查模拟接触器动作，测量电阻值为"∞"。

（5）连接接地保护装置，电动机的金属外壳必须可靠接地。

（6）连接电源、电动机等控制板外的导线。

（7）调试：具体调试步骤可参照三相异步电动机正反转控制线路工作原理进行。

五、技能考核

（1）完成三相异步电动机正反转控制线路安装、调试。

（2）按线路图回答问题：

1）KM1 接触器的常闭触点串联在 KM2 接触器线圈回路中，同时 KM2 接触器的常闭触点串联在 KM1 接触器线圈回路中，这种接法有何作用？

2）如果电路出现只有正转没有反转控制的故障，试分析产生该故障接线方面的可能原因。

课题 24　三相异步电动机按钮、接触器双重联锁正反转控制线路安装与调试

教学目的

（1）掌握三相异步电动机按钮、接触器双重联锁正反转控制线路工作原理。

（2）能熟练使用常用电工工具，完成三相异步电动机按钮、接触器双重联锁正反转控制线路的安装、调试。

（3）能处理电气控制线路中的故障。

（4）能执行电气安全操作规程。

任务分析

掌握电气控制原理，能正确选择合适的低压控制电器，根据电气控制电路图进行安装、调试，能对电气故障原因进行分析并利用仪表快速进行判断、修复。

基础知识

该三相异步电动机正反转控制线路在正转过程中若被要求反转，必须先按下停止按钮，让

接触器 KM1 线圈断电,使其联锁触点 KM1 闭合,这时才能按反转按钮使电动机反转,这便给操作带来了不便。为了解决这个问题,在生产上常采用复式按钮和触点联锁的控制线路。电路图如图 24-1 所示。

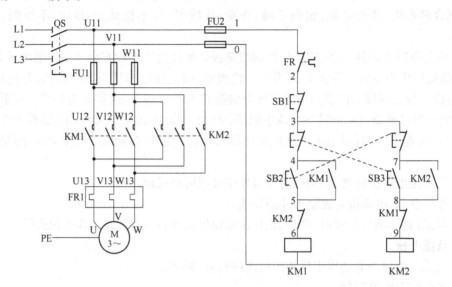

图 24-1　三相异步电动机按钮、接触器双重联锁正反转控制线路图

1. 电路分析

主电路中的开关 QS 起接通和隔离电源作用,熔断器 FU1 对主电路进行保护,交流接触器主触头控制电动机的起动和停止,两个交流接触器 KM1、KM2 用以改变电动机的电源相序,当通电时,接触器 KM1 工作,电动机正转;而接触器 KM2 工作时,使电源线对调接入电动机定子绕组,实现反转控制。

从控制电路上看,三相异步电动机按钮、接触器双重联锁正反转控制线路保留了由接触器动断触点组成的互锁电气联锁,并添加了由按钮 SB2 和 SB3 的动断触点组成的机械联锁,如图 24-1 所示。这样,当要求电动机由正转变为反转时,只需按下反转按钮 SB3,便会通过 SB3 的动断触点断开 KM1 电路,KM1 起互锁作用的触点闭合,接通 KM2 线圈控制电路,实现电动机反转。该线路既能实现电动机直接正反转的要求,又保证了电路可靠工作,常用在电力拖动控制系统中。

2. 线路工作原理

先合上电源开关QS,正转启动

按下SB2 ┬ SB2常开触头闭合 → ①
　　　　 └ SB2常闭触头分断对KM2线圈联锁

① → KM1线圈得电 ┬ KM1主触头闭合 → 电动机M运转
　　　　　　　　　├ KM1自锁触头闭合
　　　　　　　　　└ KM1常闭触头分断对KM2线圈联锁

反转启动:

直接按下反转启动按钮SB3 ┬ SB3常开触头闭合 → ②
　　　　　　　　　　　　└ SB3常闭触头分断 → KM1线圈失电 → 电动机M停止运转

```
                 ┌─→ KM2主触头闭合 ──┬─→ 电动机M2运转
② ─→ KM2线圈得电 ─┼─→ KM2自锁触头闭合 ─┘
                 └─→ KM2常闭触头分断对KM1线圈联锁
```

停止时，按下停止按钮SB1→控制电路失电→KM1(或KM2)主触头分断→电动机M失电停转。

技能训练

一、技能训练要求(考核时间60分钟)

(1) 根据课题要求,按照图24-1所示线路图完成电路安装,线路布局美观、合理。

(2) 按照线路工作原理进行调试。

(3) 书面分析2个问题。

二、技能训练内容

(1) 根据给定的设备和仪器仪表,在规定时间内完成接线、调试、运行,达到考试规定的要求。

(2) 能用仪表测量、调整和选择元件。

(3) 板面导线经线槽敷设,线槽外导线需平直,各节点必须紧密,接电源、电动机及按钮等的导线必须通过接线柱引出,并有保护接地或接零。

(4) 装接完毕后,经检查方可通电试车,如遇故障自行排除。

(5) 书面回答问题。

三、技能训练使用的设备、工具、材料

测电笔、螺钉旋具、尖嘴钳、斜口钳、剥线钳、电工刀等;指针式或数字式万用表;控制板一块;导线规格:主电路采用 BV1/1.37mm 铜塑线,控制电路采用 BV1/1.13mm 铜塑线,按钮线采用 BVR7/0.75mm 多股软线;三相电动机。

四、技能训练步骤

(1) 根据图24-1所示配齐电路中所需的电控元件,清单见下表。

电气元件明细表

代　号	名　　称	型　　号	规　　格	数　量
M	三相异步电动机	80YS25DY38-X	25W,380V,Y接法	2
QF	三相断路器	5SU93461CR16	三级额定电流16A	1
FU1	熔断器	RT18-32 3P	配熔体额定电流4A	1
FU2	熔断器	RT18-32 2P	配熔体额定电流2A	1
KM	交流接触器	3TB4022-0XQ0	线圈额定电压380V	2
FR	热过载继电器	3UA5940-1A	额定电流1-1.6A	1
SB1	按钮	ZB2BA4C	ZB2BE101C带触点基座	1
SB2	按钮	ZB2BA3C	ZB2BZ101C、ZB2BE101C带触点基座	1
SB3	按钮	ZB2BA2C	ZB2BZ101C、ZB2BE101C带触点基座	1

（续表）

代　号	名　　称	型　　号	规　　格	数　量
	导线		主电路采用 BV1/1.37mm 铜塑线 控制电路采用 BV1/1.13mm 铜塑线 按钮线采用 BVR7/0.75mm 多股软线	若干
	端字板	JT8-2.5		1

（2）元件安装：如图 24-2 所示，元件的安装位置应整齐、均匀，间隔合理便于元件的更换，紧固元件时，用力要均匀，紧固程度适当。

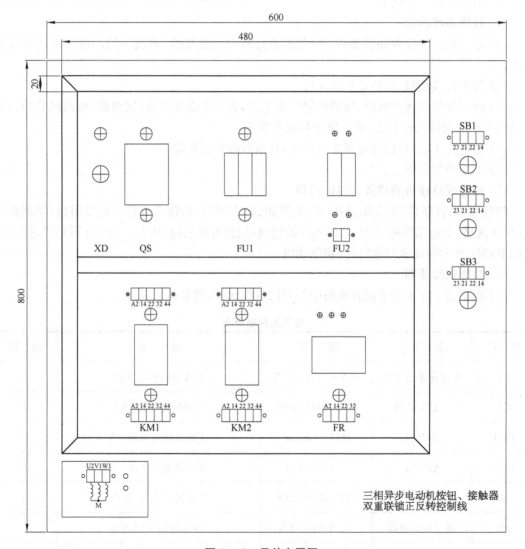

图 24-2　元件布置图

（3）布线：进行线路布置和号码管的编套。线路安装应遵循由内到外、横平竖直的原则；尽量做到合理布线、就近走线；编码正确、齐全；接线可靠，不松动、不压皮、不反圈、不损伤线芯。

(4) 检查线路正确性：安装完毕的控制线路板必须经过认真检查后才允许通电试车，以防止错接、漏接造成不正常工作或短路事故。检查时，应选用倍率适当的电阻挡，并进行校零。对控制电路的检查(可断开电源)可将表棒分别搭在 1、0 线端上，读数应为"∞"。按下启动按钮时，读数应为接触器线圈的冷态直流电阻值(500Ω～2kΩ)，然后断开控制电路检查主电路有无开路或短路现象，此时可用手动来代替接触器进行通电检查模拟接触器动作，测量电阻值为"∞"。

(5) 连接接地保护装置，电动机的金属外壳必须可靠接地。

(6) 连接电源、电动机等控制板外的导线。

(7) 调试：具体调试步骤可参照三相异步电动机按钮、接触器双重联锁正反转控制线路工作原理。

五、技能考核

(1) 完成三相异步电动机按钮、接触器双重联锁正反转控制线路安装、调试。

(2) 按线路图回答问题：

1) 按钮、接触器双重联锁的正反转控制电路与接触器联锁的正反转控制电路有何不同？

2) 如果电路只有正转没有反转控制，试分析产生该故障的可能原因。

课题 25　三相异步电动机串电阻启动控制线路安装与调试

教学目的

(1) 掌握三相异步电动机串电阻启动控制线路工作原理。

(2) 能熟练使用常用电工工具，完成三相异步电动机串电阻启动控制线路的安装、调试。

(3) 能处理电气控制线路中的故障。

(4) 能执行电气安全操作规程。

任务分析

掌握电气控制原理，能正确选择合适的低压控制电器，根据电气控制电路图进行安装、调试，能对电气故障原因进行分析并利用仪表快速进行判断、修复。

基础知识

减压启动又称为降压启动。它是在启动电动机时，将电源电压适当降低后，加到电动机的定子绕组上，经过一定时间或启动完毕后，再将电源电压恢复到额定值保持电动机正常运行的一种启动方式。降压启动的目的是借以减少启动电流过大对电网和电动机本身造成的冲击或损坏。

一、三相异步电动机减压起动方式

常用的电动机降减压(降压)启动方法主要有以下几种：

(1) 定子绕组串电阻(或电抗器)降压启动。

(2) 星形(Y)～三角形(△)换接降压启动。

（3）自耦变压器降压启动。

（4）延边三角形降压启动。

无论使用哪种方法，对控制的要求都是相同的，即给出起动指令后，先降压，当电动机接近额定转速时再加全压，这个过程是以启动过程中的某一变化参量为控制信号自动进行的。

在电动机启动过程中，转速、电流、时间等参量都发生变化，原则上这些变化的参量都可以作为起动的控制信号。但是，以转速和电流这两个物理量为变化参量控制电动机启动时，由于受负载变化、电网电压波动的影响较大，往往造成启动失败；而采用以时间为变化参量控制电动机启动，其转换靠时间继电器的动作，不论负载变化或电网电压波动，都不会影响时间继电器的整定时间，可以按时切换，不会造成启动失败。所以，控制电动机启动，几乎毫无例外地采用以时间为变化参量进行控制。

二、时间继电器

在电气控制系统中，不仅需要动作迅速的继电器，而且需要当吸引线圈通电或断电后其触点经过一定时间延时再动作的继电器，这种继电器称为时间继电器。时间继电器按其动作原理与构造不同，可分为电磁式、空气阻尼式、电动式和电子式等几种。时间继电器图形与文字符号如图 25-1 所示。

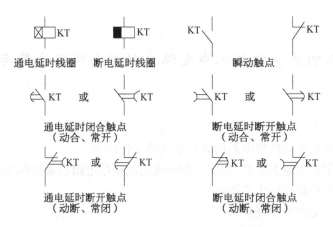

图 25-1　时间继电器图形与文字符号

1. 直流电磁式时间继电器

直流电磁式时间继电器一般在直流电气控制电路中应用较广，其表现形式只能实现直流断电延时动作。它的结构是在 U 形静铁心的另一柱上装上阻尼铜套，即构成直流电磁式时间继电器，如图 25-2 所示。加入阻尼铜套后，在正常工作中感应电流与 U 形静铁心亦产生磁场，该磁场在断电后将阻碍原主磁场的快速减弱过程，从而达到"延时"的目的。

2. 空气阻尼式时间继电器（见课题 11）

3. 电子式时间继电器

电子式时间继电器又称为半导体时间继电器。按其构成可分为 R－C 式晶体管时间继电器和数字式时间继电器两种。电子式时间继电器多用于电力传动、自动顺序控制及各种过程控制系统中，并以其延时范围宽、精度高、体积小、工作可靠的优势逐步取代传统的电磁式、空气阻尼式等时间继电器。

晶体管式时间继电器是以 RC 电路电容充电时，电容器上的电压逐步上升原理为延时基础

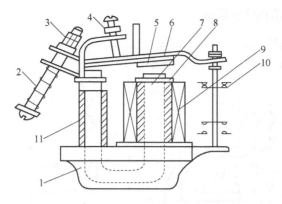

图 25 - 2　电磁式时间继电器典型结构

1—底座；2—反力弹簧；3,4—调整螺钉；5—非磁性垫片；

6—衔铁；7—铁心；8—极靴；9—电磁线圈；10—触点系统

的时间继电器。晶体管式时间继电器可分为单结晶体管电路式时间继电器和场效应管电路式时间继电器两大类。大致分为断电延时、通电延时和带瞬动触点延时三种形式。

三、三相异步电动机串电阻减压启动控制电路

1. 控制原理

启动时，在电动机主电路三相定子电路中以串联的形式接入电阻 R，使加在电动机绕组上的电压降低。启动完成后，将这个串接的电阻"短路"，也就是用导线（或触点机构）将这个电阻两端的接点在跨过电阻后直接"跨接"，使电动机获得额定电压后正常运行。"启动电阻"如图 25 - 3 所示。一般采用"铸铁板式电阻"或者用电阻丝绕制而成的"电阻丝绕制式"，所允许通过的电流值较大。

铸铁板式电阻　　　　电阻丝绕制式

图 25 - 3　串电阻减压的"启动电阻"图

使用中应注意，各相电源所串接电阻的阻值要相等，功率要相同。该电路的优点是使用设备简单，并且不受定子绕组形式的限制；其缺点是启动时降压用电阻所消耗的电能极大。

2. 电路分析

图 25 - 4 所示为三相异步电动机串电阻减压启动控制线路。

主电路中的开关 QF 起接通和隔离电源作用，熔断器 FU1 电路进行短路保护，交流接触器 KM1 主触头控制电动机的起动和停止，交流接触器 KM2 主触头用来短接启动电阻。

从控制电路上看，按下启动按钮 SB1 后接触器 KM1 主触头控制电动机的串联电阻降压启动，同时通电延时时间继电器 KT 工作，延时一段时间后（时间继电器延时时间的调节可根据电动机转速上升的时间）接触器 KM2 工作，电动机全压运转。按下停止按钮 SB2 后，接触

器 KM1、KM2 失电,电动机停止运转。

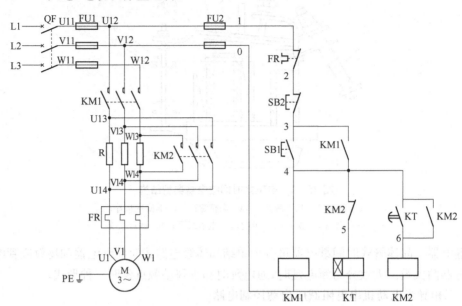

图 25-4　三相异步电动机串电阻减压启动控制线路图

3. 工作过程

先合上电源开关QF,启动:

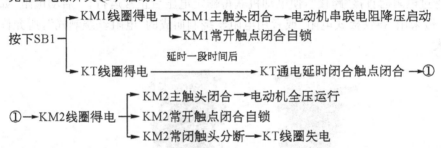

停止:

按下SB2──►KM1、KM2线圈失电──►电动机M停止工作

技能训练

一、技能训练要求(考核时间 60 分钟)

(1)根据课题要求,按照图 25-4 所示线路图完成电路安装,线路布局美观、合理。

(2)按照线路工作原理进行调试。

(3)书面分析 2 个问题。

二、技能训练内容

(1)根据给定的设备和仪器仪表,在规定时间内完成接线、调试、运行,达到考试规定的要求。

(2)能用仪表测量、调整和选择元件。

(3)板面导线经线槽敷设,线槽外导线须平直各节点必须紧密,接电源、电动机及按钮等的导线必须通过接线柱引出,并有保护接地或接零。

（4）装接完毕后，经检查方可通电试车，如遇故障自行排除。

（5）书面回答问题。

三、技能训练使用的设备、工具、材料

测电笔、螺钉旋具、尖嘴钳、斜口钳、剥线钳、电工刀等；指针式或数字式万用表；控制板一块；导线规格：主电路采用 BV1/1.37mm 铜塑线，控制电路采用 BV1/1.13mm 铜塑线，按钮线采用 BVR7/0.75mm 多股软线；三相电动机。

四、技能训练步骤

（1）根据图 25－4 所示配齐电路中所需的电控元件，清单见下表。

电气元件明细表

代　号	名　　称	型　　号	规　　格	数　量
M	三相异步电动机	80YS25DY38－X	25W,380V,Y 接法	2
QF	三相断路器	5SU93461CR16	三级额定电流 16A	1
FU1	熔断器	RT18－32 3P	配熔体额定电流 4A	1
FU2	熔断器	RT18－32 2P	配熔体额定电流 2A	1
KM	交流接触器	3TB4022－0XQ0	线圈额定电压 380V	2
FR	热过载继电器	3UA5940－1A	额定电流 1－1.6A	1
KT	时间继电器	JSZ3A－B	线圈额定电压 380V	
SB1	按钮	ZB2BA3C	ZB2BZ101C 带触点基座	1
SB2	按钮	ZB2BA4C	ZB2BE101C 带触点基座	1
	导线		主电路采用 BV1/1.37mm 铜塑线 控制电路采用 BV1/1.13mm 铜塑线 按钮线采用 BVR7/0.75mm 多股软线	若干
	端字板	JT8－2.5		1

（2）元件安装：元件的安装位置应整齐、均匀，间隔合理便于元件的更换，紧固元件时，用力要均匀，紧固程度适当。

（3）布线：进行线路布置和号码管的编套。线路安装应遵循由内到外、横平竖直的原则；尽量做到合理布线、就近走线；编码正确、齐全；接线可靠，不松动、不压皮、不反圈、不损伤线芯。

（4）检查线路正确性：安装完毕的控制线路板必须经过认真检查后才允许通电试车，以防止错接、漏接造成不正常工作或短路事故。检查时，应选用倍率适当的电阻挡，并进行校零。对控制电路的检查（可断开电源）可将表棒分别搭在 1、0 线端上，读数应为"∞"。按下启动按钮时，读数应为接触器线圈的冷态直流电阻值（500Ω～2kΩ），然后断开控制电路检查主电路有无开路或短路现象，此时可用手动来代替接触器进行通电检查模拟接触器动作，测量电阻值为"∞"。

（5）连接接地保护装置，电动机的金属外壳必须可靠接地。

（6）连接电源、电动机等控制板外的导线。

（7）调试：具体调试步骤可参照三相异步电动机串电阻减压起动控制线路工作原理。

五、技能考核

（1）完成三相异步电动机串电阻减压启动控制线路安装、调试。

（2）按线路图回答问题：

1）试述三相鼠笼式异步电动机采用减压起动的原因及实现减压起动的方法。

2）如果 KM2 接触器线圈断路损坏，试分析可能产生的故障现象，并说明原因。

课题 26 三相异步电动机星-三角形减压启动控制线路安装与调试

教学目的

（1）掌握三相异步电动机星-三角形减压启动控制线路工作原理。

（2）能熟练使用常用电工工具，完成三相异步电动机星-三角形减压启动控制线路的安装、调试。

（3）能处理电气控制线路中的故障。

（4）能执行电气安全操作规程。

任务分析

掌握电气控制原理，能正确选择合适的低压控制电器，根据电气控制电路图进行安装、调试，能对电气故障原因进行分析并利用仪表快速进行判断、修复。

基础知识

星-三角形（Y-△）减压（降压）启动控制线路是按时间原则控制的对电动机进行降压启动的一种控制方法，也称为 Y-△降压启动方式。星-三角形降压启动是指三相异步电动机启动时，把定子绕组接成星形，以降低启动电压，限制启动电流；待三相异步电动机启动后，再把定子绕组改接成三角形，使三相异步电动机全压运行。凡是正常运行时，定子绕组作三角形联接的三相异步电动机，均可采用这种降压启动方法。

Y-△减压（降压）起动方式只适用于正常工作时，电动机必须有六个出线端子且定子绕组呈三角形连接形式的三相异步电动机，即△形连接轻载或空载下启动。

一、星-三角形减压（降压）起动控制工作原理

在启动过程中，将三相异步电动机定子绕组接成星形，使电动机每相绕组承受的电压为额定电压的 $1/\sqrt{3}$，启动电流为三角形接法时启动电流的 $1/3$。

（1）启动时，三相异步电动机接成 Y 形（连接方式如图 26-1 所示），W2、U2、V2 由短路连接片相连接，即电动机三相绕组的尾端相联接，每相绕组得到电压 U 相＝U 线/$\sqrt{3}$＝220V。

（2）运行时，三相异步电动机接成△形（连接方式如图 26-2 所示），分别将 W2 与 U1、U2 与 V1、V2 与 W1 用短路连接片相连接，即为电动机三相绕组三角形连接，每相绕组得到电压 U 相＝ U 线＝380V。

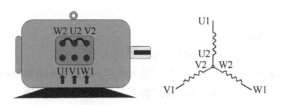

图 26-1　Y 形连接方式

图 26-2　△形连接方式

Y 连接与△连接相比,每相绕组电压降低,可减小启动电流。

二、三相异步电动机星-三角形减压启动控制线路

图 26-3 为三相异步电动机星-三角形减压启动控制线路。

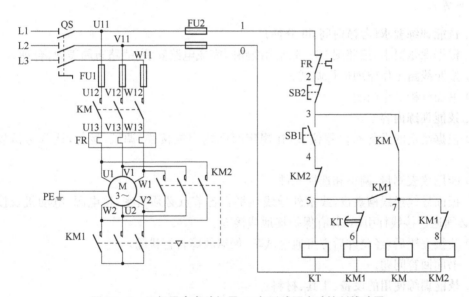

图 26-3　三相异步电动机星-三角形减压启动控制线路图

1. 电路分析

主电路中的开关 QS 起接通和隔离电源作用,熔断器 FU1 对主电路进行保护,交流接触器 KM 主触头与 KM1 主触头控制电动机的星形减压起动,交流接触器 KM 主触头与 KM2 主触头用来控制电动机的三角形全压运行。

从控制电路上看,按下启动按钮 SB1 后,接触器 KM1 工作,同时通电延时时间继电器 KT 工作,接触器 KM 工作,电动机的星形减压起动。时间继电器 KT 延时一段时间后(时间继电器延时时间根据电动机转速上升时间调节)接触器 KM2 工作,同时接触器 KM1 停止工作,电动机全压运转。按下停止按钮 SB2 后,接触器 KM、KM2 线圈失电,电动机停止运转。

2. 线路工作过程

先合上电源开关QS，启动：

① + ④ ——电动机绕组接成星形减压启动；

③——KM1线圈失电 ——┬── KM1主触头分断 ——电动机星形减压启动结束
                   └── KM1常闭触点恢复 ——⑤

⑤——KM2线圈得电 ——┬── KM2主触头闭合 ——电动机绕组接成三角形全压运行
                   └── KM2常闭触点分断 ——KT线圈失电

停止：

按下SB2——KM、KM2线圈失电——电动机停止工作。

技能训练

一、技能训练要求(考核时间 60 分钟)

(1) 根据课题要求，按照图 26 - 3 所示线路图完成电路安装，线路布局美观、合理。

(2) 按照线路工作原理进行调试。

(3) 书面分析 2 个问题。

二、技能训练内容

(1) 根据给定的设备和仪器仪表，在规定时间内完成接线、调试、运行，达到考试规定的要求。

(2) 能用仪表测量、调整和选择元件。

(3) 板面导线经线槽敷设，线槽外导线须平直各节点必须紧密，接电源、电动机及按钮等的导线必须通过接线柱引出，并有保护接地或接零。

(4) 装接完毕后，经允许后方可通电试车，如遇故障自行排除。

(5) 书面回答问题。

三、技能训练使用的设备、工具、材料

测电笔、螺钉旋具、尖嘴钳、斜口钳、剥线钳、电工刀等；指针式或数字式万用表；控制板一块；导线规格：主电路采用 BV1/1.37mm 铜塑线，控制电路采用 BV1/1.13mm 铜塑线，按钮线采用 BVR7/0.75mm 多股软线；三相电动机。

四、技能训练步骤

(1) 根据图 26 - 3 所示配齐电路中所需的电控元件，清单见下表。

电气元件明细表

代 号	名 称	型 号	规 格	数 量
M	三相异步电动机	JW6318	380V Y/△接法	1

（续表）

代　号	名　　称	型　　号	规　　格	数　量
QS	三相断路器	5SU93461CR16	三级额定电流 16A	1
FU1	熔断器	RT18－32 3P	配熔体额定电流 4A	1
FU2	熔断器	RT18－32 2P	配熔体额定电流 2A	1
KM	交流接触器	3TB4022－0XQ0	线圈额定电压 380V	3
KT	时间继电器	JSZ3A－B	线圈额定电压 380V	1
FR	热过载继电器	3UA5940－1A	额定电流 1－1.6A	
SB1	按钮	ZB2BA2C	ZB2BZ101C 带触点基座	1
SB2	按钮	ZB2BA4C	ZB2BE101C 带触点基座	1
	导线		主电路采用 BV1/1.37mm 铜塑线 控制电路采用 BV1/1.13mm 铜塑线 按钮线采用 BVR7/0.75mm 多股软线	若干
	端字板	JT8－2.5		1

（2）元件安装：元件的安装位置应整齐、均匀，间隔合理便于元件的更换，紧固元件时，用力要均匀，紧固程度适当。

（3）布线：进行线路布置和号码管的编套。线路安装应遵循由内到外、横平竖直的原则；尽量做到合理布线、就近走线；编码正确、齐全；接线可靠，不松动、不压皮、不反圈、不损伤线芯。

（4）检查线路正确性：安装完毕的控制线路板必须经过认真检查后才允许通电试车，以防止错接、漏接造成不正常工作或短路事故。检查时，应选用倍率适当的电阻挡，并进行校零。对控制电路的检查（可断开电源）可将表棒分别搭在 1、0 线端上，读数应为"∞"。按下启动按钮时，读数应为接触器线圈的冷态直流电阻值（500Ω～2kΩ），然后断开控制电路检查主电路有无开路或短路现象，此时可用手动来代替接触器进行通电检查模拟接触器动作，测量电阻值为"∞"。

（5）连接接地保护装置，电动机的金属外壳必须可靠接地。

（6）连接电源、电动机等控制板外的导线。

（7）调试：具体调试步骤可参照三相异步电动机星-三角形减压启动控制线路工作原理。

五、技能考核

（1）完成三相异步电动机星-三角形减压启动控制线路安装、调试。

（2）按线路图回答问题：

1）如果 KT 时间继电器的常闭延时触点错接成常开延时触点，该接法对电路有何影响？

2）如果电路出现只有星形运转没有三角形运转控制的故障，试分析产生该故障的接线方面的可能原因。

课题 27 三相异步电动机反接制动控制线路安装与调试

教学目的

(1) 掌握三相异步电动机反接制动控制线路工作原理。
(2) 能熟练使用常用电工工具,完成三相异步电动机反接制动控制线路的安装、调试。
(3) 能处理电气控制线路中的故障。
(4) 能执行电气安全操作规程。

任务分析

掌握电气控制原理,能正确选择合适的低压控制电器,根据电气控制电路图进行安装、调试,能对电气故障原因进行分析并利用仪表快速进行判断、修复。

基础知识

一、电动机制动控制

电动机断电后,由于惯性作用自由停车时间较长。而某些生产工艺、过程则要求电动机在某一个时间段内能迅速而准确地停车。这时,就要对电动机进行相应的制动控制,使之迅速停车。制动停车的方式主要有机械制动和电气制动两种。

1. 机械制动控制

机械制动是采用机械抱闸制动。

2. 电气制动控制

电气制动是产生一个与原来转动方向相反的制动力矩使电动机立即停止工作。在电气制动方式的使用过程中,可采用反接制动和能耗制动两种方法。无论哪种制动方式,在制动过程中,电流、转速、时间三个参量都在变化,因此可以取某一变化参量作为控制信号,在制动结束时及时取消制动转矩。

3. 速度继电器

速度继电器常用于三相异步电动机按速度原则控制的反接制动线路中,亦称反接制动继电器。速度继电器主要由转子、定子和触点三部分组成。转子是一个圆柱形永久磁铁,定子是一个笼型空心圆环,由硅钢片叠成,并装有笼型绕组。速度继电器的作用是与接触器配合使用,对三相异步电动机进行反接制动控制。其图形与文字符号如图 27 - 1 所示。

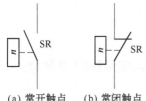

(a) 常开触点　　(b) 常闭触点

图 27 - 1　速度继电器的图形与文字符号

在机床控制线路中,常用的速度继电器主要由 JY1 和 JFZ0 系列。JY1 型速度继电器结构示意如图 27 - 2 所示。JY - 1 速度控制继电器在连续工作制中,可靠地工作在 3 000 转/分以下,在反复短时工作制中(频繁启动、制动)每分钟不超过 30 次。JY1 型速度控制继电器在继电器轴转速为 120r/min 左右时即能动作,100r/min 以下触点恢复工作位置。

速度继电器的转子轴与电动机轴相连接,定子空套在转子上。当电动机转动时,速度继电器的转子(永久磁铁)随之转动,在空间产生旋转磁场切割定子绕组,而在其中感应出电流,此电流又在旋转磁场作用下产生转矩,使定子随转子转动方向而旋转一定的角度,此时与定子装在一起的摆锤推动触点动作,使动断触点断开,动合触点闭合。当电动机转速低于某值时,定子产生的转矩减小,动触点复位。

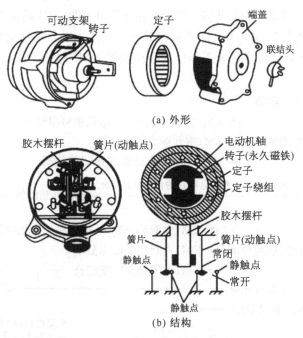

图 27-2　JY1 型速度继电器结构示意图

二、三相异步电动机反接制动控制线路分析

图 27-3 所示为三相异步电动机反接制动控制线路图。

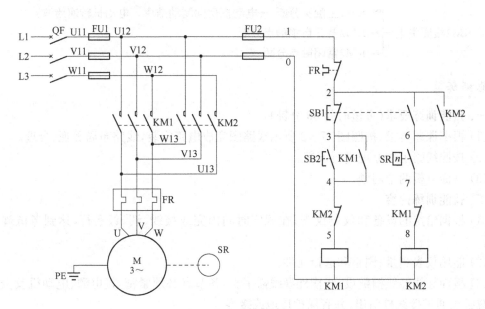

图 27-3　三相异步电动机反接制动控制线路图

1. 电路分析

主电路中的开关 QF 起接通和隔离电源作用,熔断器 FU1 短路保护,通电时,接触器 KM1 使电机正转;而接触器 KM2 通电时,使电源线对调接入电动机定子绕组,实现反接制动控制。

从控制电路上看,按下启动按钮 SB2 后接触器 KM1 工作,电动机启动后,当转速上升大于 120r/min(速度继电器 SR 的常开触点闭合),按下停止按钮 SB1 后接触器 KM1 失电(电动机失电惯性运转,转速大于 120r/min),接触器 KM2 工作,电动机反向旋转并完成制动。转速下降到 100r/min 以下,SR 触点恢复工作位置后接触器 KM2 停止工作,电动机制动结束。

2. 线路工作原理

先合上电源开关QF,启动:

① 电动机转速大于 120 r/min,速度继电器SR的常开触点闭合 ────── 电动机制动做准备

停止:

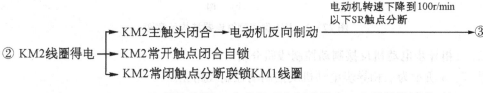

技能训练

一、技能训练要求(考核时间 60 分钟)

(1)根据课题要求,按照图 27-3 所示线路图完成电路安装,线路布局美观、合理。

(2)按照线路工作原理进行调试。

(3)书面分析两个问题。

二、技能训练内容

(1)根据给定的设备和仪器仪表,在规定时间内完成接线、调试、运行,达到考试规定的要求。

(2)能用仪表测量、调整和选择元件。

(3)板面导线经线槽敷设,线槽外导线需平直,各节点必须紧密,接电源、电动机及按钮等的导线必须通过接线柱引出,并有保护接地或接零。

(4)装接完毕,经检查合格方可通电试车,如遇故障自行排除。

（5）书面回答问题。

三、技能训练使用的设备、工具、材料

测电笔、螺钉旋具、尖嘴钳、斜口钳、剥线钳、电工刀等；指针式或数字式万用表；控制板一块；导线规格：主电路采用 BV1/1.37mm 铜塑线，控制电路采用 BV1/1.13mm 铜塑线，按钮线采用 BVR7/0.75mm 多股软线；三相电动机。

四、技能训练步骤

（1）根据图 27-3 所示配齐电路中所需的电控元件，清单见下表。

电气元件明细表

代　号	名　　称	型　　号	规　　格	数　量
M	三相异步电动机	80YS25DY38-X	25W,380V,Y 接法	2
QF	三相断路器	5SU93461CR16	三级额定电流 16A	1
FU1	熔断器	RT18-32 3P	配熔体额定电流 4A	1
FU2	熔断器	RT18-32 2P	配熔体额定电流 2A	1
KM	交流接触器	3TB4022-0XQ0	线圈额定电压 380V	2
FR	热过载继电器	3UA5940-1A	额定电流 1~1.6A	1
SR	速度继电器	JY1		1
SB1	按钮	ZB2BA4C	ZB2BE101C、ZB2BZ101C 带触点基座	1
SB2	按钮	ZB2BA2C	ZB2BZ101C 带触点基座	1
	导线		主电路采用 BV1/1.37mm 铜塑线 控制电路采用 BV1/1.13mm 铜塑线 按钮线采用 BVR7/0.75mm 多股软线	若干
	端字板	JT8-2.5		1

（2）元件安装：元件的安装位置应整齐、均匀，间隔合理便于元件的更换。紧固元件时，用力要均匀，紧固程度适当。

（3）布线：进行线路布置和号码管的编套。线路安装应遵循由内到外、横平竖直的原则；尽量做到合理布线、就近走线；编码正确、齐全；接线可靠，不松动、不压皮、不反圈、不损伤线芯。

（4）检查线路正确性：安装完毕的控制线路板必须经过认真检查后才允许通电试车，以防止错接、漏接造成不正常工作或短路事故。检查时，应选用倍率适当的电阻挡，并进行校零。对控制电路的检查（可断开电源）可将表棒分别搭在 1、0 线端上，读数应为"∞"。按下启动按钮时，读数应为接触器线圈的冷态直流电阻值（500Ω~2kΩ），然后断开控制电路检查主电路有无开路或短路现象，此时可用手动来代替接触器进行通电检查模拟接触器动作，测量电阻值为"∞"。

（5）连接接地保护装置，电动机的金属外壳必须可靠接地。

（6）连接电源、电动机等控制板外的导线。

（7）调试：具体调试步骤可参照三相异步电动机反接制动控制线路工作原理。

五、技能考核

（1）完成三相异步电动机反接制动控制线路安装、调试。

（2）按线路图回答问题：

1）KM1 接触器的常闭串联在 KM2 线圈回路中，同时 KM2 接触器的常闭串联在 KM1 接触器线圈回路中，这种接法有何作用？

2）如果电路不能正常启动，试分析产生故障在接线方面的可能原因？

课题 28 带抱闸制动的异步电动机两地控制线路安装与调试

教学目的

（1）掌握带抱闸制动的异步电动机两地控制线路工作原理。

（2）能熟练使用常用电工工具，完成带抱闸制动的异步电动机两地控制线路的安装、调试。

（3）能处理电气控制线路中的故障。

（4）能执行电气安全操作规程。

任务分析

掌握带抱闸制动的异步电动机两地控制线路电气控制原理，能正确选择合适的低压控制电器，根据电气控制电路图进行安装、调试。遇到电气故障能对故障原因分析并利用仪表快速进行判断、修复。

基础知识

一、两地控制

两地控制是多地控制的一种，能在两地或多地控制同一台电动机的控制方式叫多地控制，也叫两地控制。其特点是：两地的启动按钮并联接在一起，停止按钮串联接在一起。

二、机械制动控制

机械制动采用机械抱闸制动，电路如图 28-1 所示。电磁抱闸示意图如图 28-2 所示。电磁制动器（电磁抱闸）常用于防止起重机械失电时重物下跌和需要准确定位的场合。

1. 电磁抱闸结构

它主要由两部分组成：制动电磁铁和闸瓦制动器。制动电磁铁由铁心、衔铁和线圈三部分组成。闸瓦制动器包括闸轮、闸瓦和弹簧等，闸轮与电动机装在同一根转轴上。

2. 工作原理

电动机接通电源，同时电磁抱闸线圈得电，衔铁吸合，克服弹簧的拉力使制动器的闸瓦与闸轮分开，电动机正常运转。断开开关或接触器，电动机失电，同时电磁抱闸线圈也失电，衔铁在弹簧拉力作用下与铁心分开，并使制动器的闸瓦紧紧抱住闸轮，电动机被制动而停转。

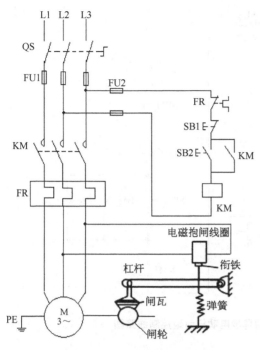

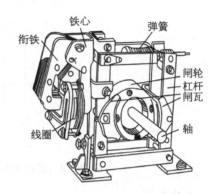

图 28-1　机械抱闸制动器　　　　图 28-2　电磁抱闸示意图

3. 电磁抱闸制动特点

机械制动主要采用电磁抱闸、电磁离合器制动,两者都是利用电磁线圈通电后产生磁场,使静铁心产生足够大的吸力吸合衔铁或动铁心(电磁离合器的动铁心被吸合,动、静摩擦片分开),克服弹簧的拉力而满足工作现场的要求。电磁抱闸是靠闸瓦的摩擦片制动闸轮。电磁离合器是利用动、静摩擦片之间足够大的摩擦力使电动机断电后立即制动。其优点是:电磁抱闸制动力强,广泛应用在起重设备上。它安全可靠,不会因突然断电而发生事故。其缺点是:电磁抱闸体积较大,制动器磨损严重,快速制动时会产生振动。

4. 电动机抱闸间隙的调整方法

(1) 停机(机械和电气关闭确认、泄压并动力上锁,并悬挂"正在检修"、"严禁启动"警示牌)。

(2) 卸下扇叶罩。

(3) 取下风扇卡簧,卸下扇叶片。

(4) 检查制动器衬的剩余厚度(制动衬的最小厚度)。

(5) 检查防护盘:如果防护盘边缘已经碰到定位销标记时,必须更换制动器盘。

(6) 调整制动器的空气间隙:将三个(四个)螺栓拧紧到空气间隙为零,再将螺栓反向拧松角度为120°,用塞尺检查制动器的间隙(至少检查三个点),应该均匀且符合规定值;否则请重新调整(注:抱闸的型号不同,其反向拧松的角度、制动器的间隙也不一样)。

(7) 手动运行,制动器动作声音清脆、停止位置准确、有效。

(8) 现场 6S 标准清扫。

三、带抱闸制动的异步电动机两地控制线路

图 28-3 所示为带抱闸制动的异步电动机两地控制线路图。

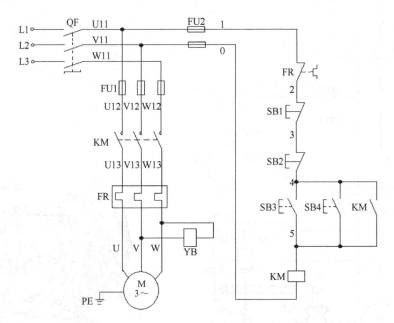

图 28 - 3　带抱闸制动的异步电动机两地控制线路图

1. 电路分析

主电路中电源开关 QF 起接通和隔离电源作用,熔断器 FU1 对主电路进行保护,交流接触器 KM 控制电动机 M 启动与停止。电动机 M 工作同时电磁抱闸的电磁铁 YB 线圈得电时,制动瓦被吸起与制动轮脱离,与制动轮相连的电动机可自由转动。当电动机 M 停止工作同时电磁铁 YB 失电时,在弹簧的作用下,制动瓦压紧制动轮使电动机无法转动。

从控制电路上看,两地启动按钮 SB3、SB4 并联,两地停止按钮 SB1、SB2 串联和交流接触器的线圈串联起来接到控制电路上,交流接触器 KM 的常开触点和启动按钮的常开触点相并联组成了一个两地控制电动机的电路。

2. 线路工作原理

先合上电源开关QF,启动:

按下SB3(SB4)→KM线圈得电
- →KM主触头闭合→电动机M运行
- →电磁铁YB得电→电动机可自由转动
- →KM常开触点闭合自锁

停止:

按下SB1(SB2)→KM线圈失电
- →KM主触头断开→电动机M停止运行
- →电磁铁YB失电→电动机制动
- →KM常开触点复原(断开)

技能训练

一、技能训练要求(考核时间 60 分钟)

(1)根据课题的要求,按照图 28 - 3 所示的双速交流电动机自动加速控制线路图完成电路安装,线路布局美观、合理。

(2)按照线路工作原理进行调试。

(3)书面分析两个问题。

二、技能训练内容

(1) 根据给定的设备和仪器仪表,在规定时间内完成接线、调试、运行,达到考试规定的要求。

(2) 能用仪表测量调整和选择元件。

(3) 板面导线经线槽敷设,线槽外导线须平直各节点必须紧密,接电源、电动机及按钮等的导线必须通过接线柱引出,并有保护接地或接零。

(4) 装接完毕后,经允许后方可通电试车,如遇故障自行排除。

(5) 书面回答问题。

三、技能训练使用的设备、工具、材料

电工常用工具:测电笔、螺钉旋具、尖嘴钳、斜口钳、剥线钳、电工刀等;仪表:指针式或数字式万用表;器材:控制板一块;导线规格:主电路采用 BV1/1.37mm² 铜塑线,控制电路采用 BV1/1.13mm² 铜塑线,按钮线采用 BVR7/0.75mm² 多股软线;三相电动机。

四、技能训练步骤

(1) 根据图 28-3 所示配齐电路中所需的电控元件,清单见下表。

电气元件明细表

代　号	名　　称	型　号	规　　格	数　量
M	三相异步电动机		750W,380V,△	1
QS	三相断路器	5SU93461CR16	三级额定电流 16A	1
FU1	熔断器	RT18-32 3P	配熔体额定电流 4A	1
FU2	熔断器	RT18-32 2P	配熔体额定电流 2A	1
KM	交流接触器	3TB4022-0XQ0	线圈额定电压 380V	1
FR	热过载继电器	3UA5940-0J	整定电流 0.63-1A	1
SB1	按钮	ZB2BA4C	ZB2BE101C 带触点基座	1
SB2	按钮	ZB2BA2C	ZB2BZ101C 带触点基座	1
	导线		主电路采用 BV1/1.37mm² 铜塑线 控制电路采用 BV1/1.13mm² 铜塑线 按钮线采用 BVR7/0.75mm² 多股软线	若干
	端字板	JT8-2.5		若干

(2) 元件安装:元件的安装位置应整齐、均匀,间隔合理便于元件的更换。紧固元件时,用力要均匀,紧固程度适当。

(3) 布线:进行线路布置和号码管的编套。线路安装应遵循由内到外、横平竖直的原则;尽量做到合理布线、就近走线;编码正确、齐全;接线可靠,不松动、不压皮、不反圈、不损伤线芯。

(4) 检查线路正确性:安装完毕的控制线路板,必须经过认真检查以后,才允许通电试车,以防止错接、漏接造成不能正常工作或短路事故。检查时,应选用倍率适当的电阻挡,并进行校零。对控制电路的检查(可断开电源),可将表棒分别搭在 1、0 线端上,读数应为"∞"。按下启动按钮时,读数应为接触器线圈的冷态直流电阻值(500~600Ω),然后断开控制电路再检查主电路有无开路或短路现象,此时可用手动来代替接触器通电进行检查,模拟接触器动作,测量电阻值为"∞"。

(5)连接接地保护装置,电动机的金属外壳必须可靠接地。

(6)连接电源、电动机等控制板外的导线。

(7)调试:具体调试步骤可参照双带抱闸制动的异步电动机两地控制线路工作原理。

五、技能考核

(1)完成带抱闸制动的异步电动机两地控制线路安装、调试。

(2)按线路图书面回答问题:

1)为什么电路中 SB1 与 SB2 串联,而 SB3 与 SB4 并联?它们各有什么作用?

2)如果 KM 接触器不能自锁,试分析此时电路工作情况。

课题 ㉙ 工作台自动往返控制线路安装与调试

教学目的

(1)掌握工作台自动往返控制线路工作原理。

(2)能熟练使用常用电工工具,完成工作台自动往返控制线路的安装、调试。

(3)能处理电气控制线路中的故障。

(4)能执行电气安全操作规程。

任务分析

掌握电气控制原理,能正确选择合适的低压控制电器,根据电气控制电路图进行安装、调试,能对电气故障原因进行分析并利用仪表快速进行判断、修复。

基础知识

在实际生产中,常要求生产机械的运动部件能实现自动往返,因为有行程限制,所以常用行程开关做控制元件来控制电动机的正反转。图 29-1 所示为工作台自动往返控制线路,图中 KM1、KM2 分别为电动机正反转接触器,SQ1 为反向转正向行程开关,SQ2 为正向转反向行程开关。

1. 电路分析

主电路中的开关 QS 起接通和隔离电源作用,熔断器 FU1 对主电路进行保护,交流接触器主触头控制电动机的起动和停止,两个交流接触器 KM1、KM2 用以改变电动机的电源相序。当通电后,接触器 KM1 主触点闭合使电动机 M 正转;而接触器 KM2 主触点闭合通电时,使电源线对调接入电动机定子绕组,实现电动机 M 反转控制。

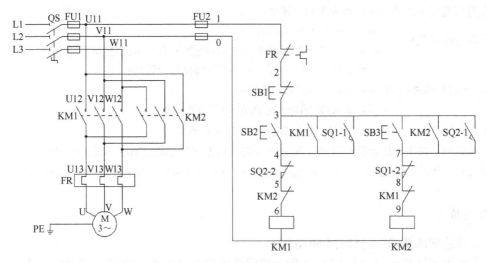

图 29 - 1 工作台自动往返控制线路图

从控制电路上看,该线路保留了由接触器动断触点组成的互锁电气联锁,并添加了由行程开关 SQ1 和 SQ2 的动断触点组成的机械联锁。如图 29 - 2 所示为工作台自动往返控制,按下正转按钮 SB2 后接触器 KM1 工作,电动机正转,工作台前进。当工作台前进到最右侧工作台附带的机械部件碰到行程开关 SQ2 时,接触器 KM1 停止工作(工作台),接触器 KM2 随即工作,电动机反转工作台向后退。当工作台后退到最左侧工作台附带的机械部件碰到行程开关 SQ1 时,接触器 KM2 停止工作,接触器 KM1 随即工作,电动机正转工作台向前进(工作往复循环,直至按下停止按钮 SB1 后停止),按下反转按钮 SB3 工作过程与正转相反。

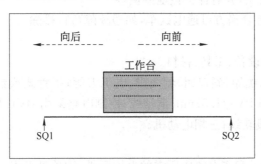

图 29 - 2 工作台自动往返控制

2. 线路工作过程

先合上电源开关QF,正转启动:

按下SB2 → KM1线圈得电
- → KM1主触头闭合 → 电动机M正向运转
- → KM1自锁触头闭合
- → KM1常闭触头分断对KM2线圈联锁

压合行程开关SQ2
- → SQ2-1常开触头闭合 → ②
- → SQ2-2常闭触头分断 → KM1线圈失电 → 电动机M正转停止

② → KM2线圈得电
- → KM2主触头闭合 → 电动机M反向运转
- → KM2自锁触头闭合
- → KM2常闭触头分断对KM1线圈联锁

松开行程开关SQ2 ——→ 行程开关SQ2复位

压合行程开关SQ1 —┬→ SQ1-1常开触头闭合 ——→ ③
　　　　　　　　 └→ SQ1-2常闭触头分断 ——→ KM1线圈失电 ——→ 电动机M正转停止

③ ——→ KM1线圈得电 —┬→ KM1主触头闭合 ——→ 电动机M正向运转
　　　　　　　　　　　 ├→ KM1自锁触头闭合 ──┘
　　　　　　　　　　　 └→ KM1常闭触头分断对KM2线圈联锁

松开行程开关SQ1 ——→ 行程开关SQ1复位,工作往复循环。

反转启动:按下SB3为反转启动,其工作方式可根据正转启动工作方式进行分析。

停止:按下停止按钮SB1 ——→ 控制电路失电 ——→ KM1(或KM2)主触头分断 ——→ 电动机M失电停转。

技能训练

一、技能训练要求(考核时间60分钟)

(1)根据课题要求,按照图29-1所示线路图完成电路安装,线路布局美观、合理。

(2)按照线路工作原理进行调试。

(3)书面分析两个问题。

二、技能训练内容

(1)根据给定的设备和仪器仪表,在规定时间内完成接线、调试、运行,达到考试规定的要求。

(2)能用仪表测量、调整和选择元件。

(3)板面导线经线槽敷设,线槽外导线需平直,各节点必须紧密,接电源、电动机及按钮等的导线必须通过接线柱引出,并有保护接地或接零。

(4)装接完毕,经检查合格方可通电试车,如遇故障自行排除。

(5)书面回答问题。

三、技能训练使用的设备、工具、材料

测电笔、螺钉旋具、尖嘴钳、斜口钳、剥线钳、电工刀等;指针式或数字式万用表;控制板一块;导线规格:主电路采用BV1/1.37mm铜塑线,控制电路采用BV1/1.13mm铜塑线,按钮线采用BVR7/0.75mm多股软线;三相电动机。

四、技能训练步骤

(1)根据图29-1所示配齐电路中所需的电控元件,清单见下表。

电气元件明细表

代　号	名　　称	型　　号	规　　格	数　量
M	三相异步电动机	80YS25DY38-X	25W,380V,Y接法	1
QF	三相断路器	5SU93461CR16	三级额定电流16A	1
FU1	熔断器	RT18-32 3P	配熔体额定电流4A	1
FU2	熔断器	RT18-32 2P	配熔体额定电流2A	1
KM	交流接触器	3TB4022-0XQ0	线圈额定电压380V	2
FR	热过载继电器	3UA5940-1A	额定电流1-1.6A	1

（续表）

代　号	名　　称	型　　号	规　　格	数　量
SQ	行程开关	LX-19	LX-19/111	2
SB1	按钮	ZB2BA4C	ZB2BE101C 带触点基座	1
SB2	按钮	ZB2BA3C	ZB2BZ101C 带触点基座	1
SB3	按钮	ZB2BA2C	ZB2BZ101C 带触点基座	1
	导线		主电路采用 BV1/1.37mm 铜塑线 按钮线采用 BVR7/0.75mm 多股软线	若干
	端字板	JT8-2.5		1

（2）元件安装：元件的安装位置应整齐、均匀，间隔合理便于元件的更换，紧固元件时，用力要均匀，紧固程度适当。

（3）布线：进行线路布置和号码管的编套。线路安装应遵循由内到外、横平竖直的原则；尽量做到合理布线、就近走线；编码正确、齐全；接线可靠，不松动、不压皮、不反圈、不损伤线芯。

（4）检查线路正确性：安装完毕的控制线路板必须经过认真检查后才允许通电试车，以防止错接、漏接造成不正常工作或短路事故。检查时，应选用倍率适当的电阻挡，并进行校零。对控制电路的检查（可断开电源）可将表棒分别搭在 1、0 线端上，读数应为"∞"。按下启动按钮时，读数应为接触器线圈的冷态直流电阻值（500Ω～2kΩ），然后断开控制电路检查主电路有无开路或短路现象，此时可用手动来代替接触器进行通电检查模拟接触器动作，测量电阻值为"∞"。

（5）连接接地保护装置，电动机的金属外壳必须可靠接地。

（6）连接电源、电动机等控制板外的导线。

（7）调试：具体调试步骤可参照工作台自动往返控制线路工作原理。

五、技能考核

（1）完成工作台自动往返控制线路安装、调试。

（2）按线路图回答问题：

1）电路中与 SB2 并联的 KM1 接触器的常开触点和串联在 KM2 接触器线圈回路中的 KM1 接触器的常闭触点各起什么作用。

2）如果 KM1 接触器不能自锁，试分析此时电路工作现象。

课题 30　三相异步电动机延时启动、延时停止控制线路安装与调试

教学目的

（1）掌握三相异步电动机延时启动、延时停止控制线路工作原理。

（2）能熟练使用常用电工工具，完成三相异步电动机延时启动、延时停止控制线路的安装、调试。

（3）能处理电气控制线路中的故障。

（4）能执行电气安全操作规程。

任务分析

掌握电气控制原理，能正确选择合适的低压控制电器，根据电气控制电路图进行安装、调试。能对电气故障原因进行分析并利用仪表快速进行判断、修复。

基础知识

在实际生产中，常常要求生产机械按下启动按钮后延时一段时间再进行主电机工作，一般常见于一些液压设备中，等待压力上升后启动，按下停止按钮后延时一段时间待压力下降后使主电动机停止工作。图 30-1 所示为三相异步电动机延时启动、延时停止控制线路。

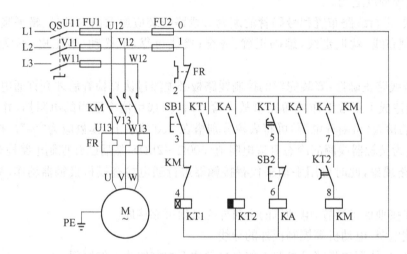

图 30-1 三相异步电动机延时启动、延时停止控制线路图

1. 电路分析

主电路中的开关 QS 起接通和隔离电源作用，熔断器 FU1 起短路保护，交流接触器 KM 主触点控制电动机的启动和停止。

从控制电路上看，按下启动按钮 SB1 后，通电延时时间继电器 KT1 工作，延时一段时间后接触器 KM1 工作，电动机 M 运转。按下停止按钮 SB2 后，断电延时时间继电器 KT2 工作，延时一段时间后接触器 KM1 失电，电动机 M 停止运转。

2. 线路工作过程

先合上电源开关QS，启动：

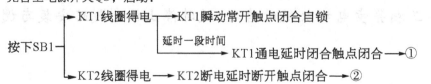

①━━KA线圈得电━┳━KA常开触点闭合自锁
　　　　　　　　┣━KA常开触点闭合自锁
　　　　　　　　┗━KA常开触点闭合━━━③

②+③━━KM线圈得电━┳━KM主触头闭合━━电动机M运转
　　　　　　　　　　┣━KM常开触头闭合自锁
　　　　　　　　　　┗━KM常闭触头分断━━KT1线圈失电━━④

④━┳━KM1瞬动常开触点恢复断开
　　┗━KM1通电延时闭合触点恢复断开

停止：

按下SB2━━KA线圈失电━┳━KA常开触点恢复断开
　　　　　　　　　　　┣━KA常开触点闭合恢复断开，自锁解除━━①
　　　　　　　　　　　┗━KA常开触点恢复断开

①━━KT2线圈失电━━KT2断电延时断开触点延时分断━━KM线圈失电━━电动机M停止工作

技 能 训 练

一、技能训练要求(考核时间 60 分钟)

(1) 根据课题要求,按照图 30-1 所示线路图完成电路安装,线路布局美观、合理。

(2) 按照线路工作原理进行调试。

(3) 书面分析两个问题。

二、技能训练内容

(1) 根据给定的设备和仪器仪表,在规定时间内完成接线、调试、运行,达到考试规定的要求。

(2) 能用仪表测量、调整和选择元件。

(3) 板面导线经线槽敷设,线槽外导线需平直,各节点必须紧密,接电源、电动机及按钮等的导线必须通过接线柱引出,并有保护接地或接零。

(4) 装接完毕后,经检查方可通电试车,如遇故障自行排除。

(5) 书面回答问题。

三、技能训练使用的设备、工具、材料

测电笔、螺钉旋具、尖嘴钳、斜口钳、剥线钳、电工刀等;指针式或数字式万用表;控制板一块;导线规格:主电路采用 BV1/1.37mm 铜塑线,控制电路采用 BV1/1.13mm 铜塑线,按钮线采用 BVR7/0.75mm 多股软线;三相电动机。

四、技能训练步骤

(1) 根据图 30-1 所示配齐电路中所需的电控元件,清单见下表。

电气元件明细表

代　号	名　称	型　号	规　格	数　量
M	三相异步电动机	80YS25DY38-X	25W,380V,Y 接法	1
QS	三相断路器	5SU93461CR16	三级额定电流	1
FU1	熔断器	RT18-32 3P	配熔体额定电流 4A	1

代　号	名　　称	型　　号	规　　格	数　量
FU2	熔断器	RT18 - 32 2P	配熔体额定电流 4A	1
KM	交流接触器	3TB4022 - 0XQ0	线圈额定电压 380V	1
KA	中间继电器	3TH80 40 - 0XQ0	线圈额定电压 380V	1
KT1	时间继电器	JSZ3A - B	线圈额定电压 380V	1
KT2	时间继电器	JSZ3F	线圈额定电压 380V	1
FR	热过载继电器	3UA5940 - 1A	额定电流 1～1.6A	1
SB1	按钮	ZB2BA2C	ZB2BZ101C 带触点基座	1
SB2	按钮	ZB2BA4C	ZB2BE101C 带触点基座	1
	导线		主电路采用 BV1/1.37mm 铜塑线 控制电路采用 BV1/1.13mm 铜塑线 按钮线采用 BVR7/0.75mm 多股软线	若干
	端字板	JT8 - 2.5		1

（2）元件安装：元件的安装位置应整齐、均匀，间隔合理便于元件的更换，紧固元件时，用力要均匀，紧固程度适当。

（3）布线：进行线路布置和号码管的编套。线路安装应遵循由内到外、横平竖直的原则；尽量做到合理布线、就近走线；编码正确、齐全；接线可靠，不松动、不压皮、不反圈、不损伤线芯。

（4）检查线路正确性：安装完毕的控制线路板必须经过认真检查后才允许通电试车，以防止错接、漏接造成不正常工作或短路事故。检查时，应选用倍率适当的电阻挡，并进行校零。对控制电路的检查（可断开电源）可将表棒分别搭在 1、0 线端上，读数应为"∞"。按下启动按钮时，读数应为接触器线圈的冷态直流电阻值（500Ω～2kΩ），然后断开控制电路检查主电路有无开路或短路现象，此时可用手动来代替接触器进行通电检查模拟接触器动作，测量电阻值为"∞"。

（5）连接接地保护装置，电动机的金属外壳必须可靠接地。

（6）连接电源、电动机等控制板外的导线。

（7）调试：具体调试步骤可参照三相异步电动机延时启动、延时停止控制线路工作原理。

五、技能考核

（1）完成三相异步电动机延时启动、延时停止控制线路安装、调试。

（2）按线路图书面回答问题：

1）如果 KT1 时间继电器的延时触点和 KT2 时间继电器的延时触点互换，这种接法对电路有何影响？

2）如果电路出现只能延时启动，不能延时停止控制的现象，试分析产生该故障的接线方面的可能原因。

三相异步电动机连续与点动混合控制线路故障分析与排除

教学目的

(1) 掌握三相异步电动机连续与点动混合控制线路故障分析及排除方法。

(2) 能执行电气安全操作规程。

任务分析

掌握电气控制原理,能对电气故障原因进行分析并利用仪表快速进行判断、修复。

基础知识

一、三相异步电动机连续与点动混合控制线路

1. 电路工作原理

三相异步电动机连续与点动混合控制线路图如图 31-1 所示,工作原理参阅课题 21。

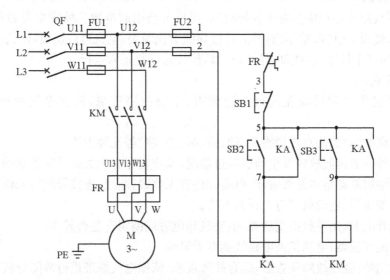

图 31-1 三相异步电动机连续与点动混合控制线路图

2. 典型故障分析

该线路典型故障分析见表 31-1。

表 31-1 典型故障分析

故 障 现 象	故 障 原 因 分 析	排 除 故 障 方 法
全部工作失灵	(1) 供电是否正常; (2) 熔丝是否损坏; (3) 热继电器是否过载保护; (4) 控制电路中公共电路连接导线是否损坏及各电气元件是否损坏	(1) 检查供电是否正常; (2) 检查熔丝是否损坏; (3) 检查热继电器是否过载保护; (4) 检查控制电路中公共电路连接导线、各电气元件

（续表）

故 障 现 象	故障原因分析	排除故障方法
按下 SB2 时,电动机连续工作失灵,按下 SB3 时,电动机点动工作正常	(1) 中间继电器 KA 控制线路中连接导线是否损坏; (2) 启动按钮 SB2 是否损坏; (3) 中间继电器 KA 线圈是否短路	(1) 检查中间继电器 KA 控制线路控制电路; (2) 检查启动按钮 SB2; (3) 检查中间继电器 KA 线圈
按下 SB3 时,电动机点动工作失灵,按下 SB2 时,电动机连续工作正常	(1) 接触器 KM 控制线路中连接导线是否损坏; (2) 启动按钮 SB3 是否损坏; (3) 接触器 KM 线圈是否短路	(1) 检查接触器 KM 控制线路控制电路; (2) 检查启动按钮 SB2; (3) 检查接触器 KM 线圈
按下 SB2 时,电动机点动工作	(1) 中间继电器 KA 常开触点是否闭合; (2) 中间继电器 KA 的 2 副辅助触点电路中连接导线是否损坏	(1) 检查中间继电器 KA(3♯～4♯)自锁电路中连接导线; (2) 检查中间继电器 KA(3♯～5♯)电路中连接导线

二、检修方法

电气控制线路在运行中会发生各种故障,严重的会引起事故。故障主要表现为电器的绕组过热、冒烟、烧毁;元件调整不当损坏,连接导线老化断裂;电机过载烧毁,因长期未进行维护保养,导致线路产生故障,这些都需进行检修,使线路恢复正常运行。

1. 故障分析

电气设备发生故障后应先进行故障调查,了解故障现象,依据电气原理进行故障点判断。

(1) 故障调查:故障的直观调查有"问、看、听、摸、嗅"等几种方法。

1) 问:向操作者询问故障发生前后经过情况,操作程序有无失误及频繁起动、制动等。

2) 看:观察熔断器熔体是否熔断,电器元件有无烧毁、断线,连接导线有无松动等现象。

3) 听:听变压器、电动机等有无异常声音。

4) 摸:断开电源,用手触摸变压器、电动机和电磁线圈温升是否异常。

5) 嗅:嗅闻变压器、电动机及电磁线圈有无异味。

(2) 故障判断:经过故障调查后,综合故障现象,依据电气原理进行故障分析、判断。

1) 熟悉电气原理:电气控制线路基本上由主电路和控制电路两部分组成,而控制电路又有若干个控制环节。分析故障时,应从主电路入手观察电动机运转情况,再根据故障现象,按线路工作原理进行分析,找出故障发生的确切部位。

2) 排除机械故障干扰:电气控制线路中,电器元件的动作控制着机械动作,它们互有联动关系。在分析电气故障的同时,应分析机械部分故障而引起电气故障的因素,方法主要有电压法和电阻法两类,步骤如下:

① 用试验法观察故障现象,初步判定故障范围。试验法是在不扩大故障范围、不损坏电气设备和机械设备的前提下,对线路进行通电试验,通过观察电气设备和电器元件的动作,看它是否正常,各控制环节的动作程序是否符合要求,找出故障发生的部位或回路。

② 用逻辑分析法缩小故障范围。逻辑分析法是根据电气控制线路的工作原理、控制环节的动作程序以及它们之间的联系,结合故障现象作具体的分析,迅速缩小故障范围,从而判断

出故障所在。这种方法是一种以判断准确为前提,尽快查出故障点为目的的检查方法,特别适用于对复杂线路的故障检查。

③ 用测量法确定故障点。测量法是利用电工工具和仪表(如测电笔、万用表、钳形电流表、兆欧表等)对线路进行带电或断电测量,是查找故障的有效方法。

2. 故障排除实例

(1) 用电阻法排除故障的方法:按启动按钮 SB2,中间继电器 KA 不吸合,说明 KA 线圈得电回路有故障。

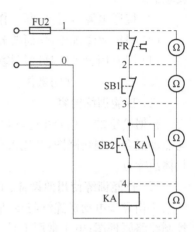

检查时,先断开电源,把万用表转换到电阻挡,按下 SB1 不放,测量 0—1 两点间的电阻。如果电阻为无穷大,说明电路断路;然后逐段分阶测量 0—4、0—3、0—2 各点的电阻值。当测量到某标号时,若电阻突然增大,说明表棒刚跨过的触头或连接线接触不良或断路。

逐段测量相邻两标号点 1—2、2—3、3—4、4—0 的电阻。如测量某两点间电阻很大,说明该触头接触不良或导线断路。例如,测得 2—3 两点间电阻很大时,说明停止按钮 SB1 接触不良。分段电阻测量法如图 31—2 所示。

图 31—2　电阻的分段测量法

电阻测量法的优点是安全;缺点是测量电阻值不准确时易造成判断错误;为此应注意下述几点:

① 用电阻测量法检查故障时一定要断开电源。

② 所测量电路如与其他电路并联,必须将该电路与其他电路断开,否则所测电阻值不准确。

③ 测量高电阻电器元件,要将万用表的电阻挡扳到适当的位置。

(2) 用电压分段测量法排除故障:首先将万用表的转换开关置于交流电压 500V 挡位,然后先用万用表测量图 31—2 所示 0—1 两点间的电压,若为 380V,则说明电源电压正常。然后按下启动按钮 SB2,若中间继电器 KA 不吸合,则说明电路有故障。这时用万用表的红、黑两根表棒逐段测量相邻两点 1—2、2—3、3—4、4—0 间的电压,检测若有电压,说明该检测段为开路故障,根据测量结果可找出故障点(表 31—2)。

表 31—2　电压分段测量法所测电压值及故障点

故障现象	测试状态	1—2	2—3	3—4	4—0	故 障 原 因
按下 SB2 时,KA 线圈不吸合	按下 SB2 不放	380V	0V	0V	0V	FR 常闭触头接触不良或连接导线开路
		0V	380V	0V	0V	SB1 触头接触不良或连接导线开路
		0V	0V	380V	0V	SB2 触头接触不良或连接导线开路
		0V	0V	0V	380V	KA 线圈断路或连接导线开路

技能训练

一、技能训练要求(考核时间 30 分钟)

(1)根据给定的设备和仪器仪表,在规定时间内完成故障检查及排除工作,达到规定的要求。

(2)接通电源,自行判断工作现象,并将故障内容填入答题卷中。

(3)根据故障现象,作简要分析,并填入答题卷中。

(4)用万用表等工具进行检查,寻找故障点,将实际具体故障点填入答题卷中。

(5)安全生产、文明操作。

二、技能训练内容

根据给定的三相异步电动机连续与点动混合控制线路模拟实训台和三相异步电动机连续与点动混合控制线路图,利用万用表等工具进行检查,对故障现象和原因进行分析,找出实际具体故障点。

三、技能训练使用的设备、工具、材料

三相异步电动机连续与点动混合控制线路模拟实训台;三相异步电动机连续与点动混合控制线路原理图;电工常用工具、万用表。

四、技能训练步骤

(1)观察故障现象,并根据该故障现象,简要分析可能引起故障的原因。

(2)用万用表进行检查,寻找故障点,排除故障(用万用表电阻挡测量时必须切断总电源)。

(3)检修时,不得损坏电器元件,严禁扩大故障范围或产生新的故障。

(4)观察故障现象,填写入卷,分析可能引起故障的原因。

五、技能考核

指出故障现象,分析故障发生的原因,写出实际故障点。

课题 32 三相异步电动机正反转控制电路故障分析与排除

教学目的

(1)掌握三相异步电动机正反转控制电路故障分析及排除方法。

(2)能执行电气安全操作规程。

任务分析

根据三相异步电动机正反转控制电路图,能正确对电气故障进行判断、分析。使用仪表快速完成三相异步电动机正反转控制电路故障检查及排除。

基础知识

一、三相异步电动机正反转控制电路

1. 电路工作原理

三相异步电动机正反转控制电路如图 32－1 所示,工作原理参阅课题 23。

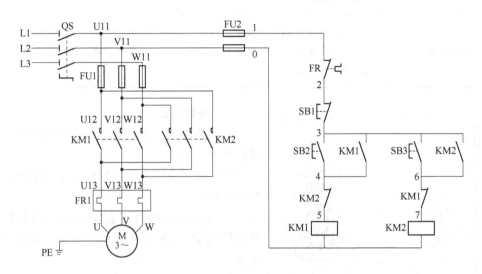

图 32－1　三相异步电动机正反转控制电路原理图

2. 典型故障分析

该电路典型故障分析见下表。

典型故障分析表

故　障　现　象	故障原因分析	排除故障方法
全部工作失灵	(1) 供电是否正常; (2) 熔丝是否损坏; (3) 热继电器是否过载保护; (4) 控制电路中公共电路连接导线是否损坏及各电气元件是否损坏	(1) 检查供电是否正常; (2) 检查熔丝是否损坏; (3) 检查热继电器是否过载保护; (4) 检查控制电路中公共电路连接导线、各电气元件
正转无法启动,反转正常	(1) 正转控制电路中连接导线或电气元件是否损坏; (2) 启动按钮是否损坏; (3) KM2 常闭触点是否断开; (4) KM1 的线圈是否短路	(1) 检查正转控制电路; (2) 检查启动按钮; (3) 检查 KM2 常闭触点; (4) 检查 KM1 的线圈
反转无法启动,正转正常	(1) 反转控制电路中连接导线或电气元件是否损坏; (2) 启动按钮是否损坏; (3) KM1 常闭触点是否断开; (4) KM2 的线圈是否短路	(1) 检查反转控制电路; (2) 检查启动按钮; (3) 检查 KM1 常闭触点; (4) 检查 KM2 的线圈

故 障 现 象	故障原因分析	排除故障方法
正转自锁失灵	（1）KM1 常开触点是否闭合； （2）正转自锁电路中连接导线或电气元件是否损坏	（1）检查 KM1 常开触点； （2）检查正转自锁电路
反转自锁失灵	（1）KM2 常开触点是否闭合； （2）反转自锁电路中连接导线或电气元件是否损坏	（1）检查 KM2 常开触点； （2）检查反转自锁电路

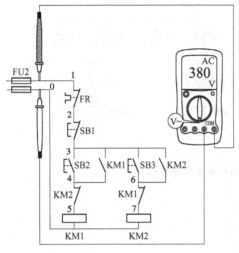

图 32-2　电压法检测电路

二、检修方法

一般使用万用表、兆欧表、钳形电流表等仪表进行故障检查。

使用电压法及电阻法进行电路通电或断电情况下的检查。

（1）电压法：用万用表交流电压挡的适当量程测量电路中各点电压是否正常，如图 32-2 所示。

（2）电阻法：用万用表电阻挡测量电气元件是否断路或短路，如图 32-3 所示。连接导线有无开路，如图 32-4 所示。

（3）用兆欧表检查：测量电动机的绝缘电阻，以判断绕组是否绝缘损坏或与外壳短路。测量时，应注意额定电压 500V 以下的电气设备绝缘电阻，可选 500V 或 1 000V 兆欧表。额定电压 500V 以上的电气设备绝缘电阻，可选 2 500V 兆欧表。500V 以下的电气设备绝缘电阻应大于 0.5MΩ。

（4）用钳形电流表检查：测量电动机的三相绕组电流是否平衡，判断绕组有无短路，或有无因其他机械原因引起的过载等。

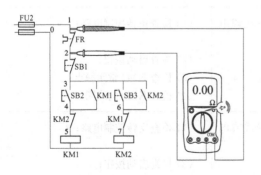

图 32-3　电阻法检测电气元件是否断路或短路

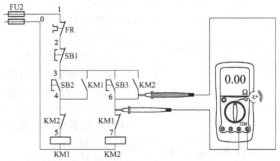

图 32-4　电阻法检测连接导线有无断线

技能训练

一、技能训练要求(考核时间 30 分钟)

(1) 根据给定的设备和仪器仪表,在规定时间内完成故障检查及排除工作,达到规定的要求。

(2) 接通电源,自行判断工作现象,并将故障内容填入答题卷中。

(3) 根据故障现象,作简要分析,并填入答题卷中。

(4) 用万用表等工具进行检查,寻找故障点,将实际具体故障点填入答题卷中。

(5) 安全生产、文明操作。

二、技能训练内容

根据给定的三相异步电动机正反转控制电路模拟实训台和三相异步电动机正反转控制电路图,利用万用表等工具进行检查,对故障现象和原因进行分析,找出实际具体故障点。

三、技能训练使用的设备、工具、材料

三相异步电动机正反转控制电气控制电路模拟实训台;三相异步电动机正反转控制电路图;电工常用工具、万用表。

四、技能训练步骤

(1) 观察故障现象,并根据该故障现象,简要分析可能引起故障的原因。

(2) 用万用表进行检查,寻找故障点,排除故障(用万用表电阻挡测量时必须切断总电源)。

(3) 检修时,不得损坏电器元件,严禁扩大故障范围或产生新的故障。

(4) 观察故障现象,填写入卷,分析可能引起故障的原因。

五、技能考核

指出故障现象,分析故障发生的原因,写出实际故障点。

课题 33　三相异步电动机星-三角形减压启动控制电路故障分析与排除

教学目的

(1) 掌握三相异步电动机星-三角形减压启动控制电路工作原理。

(2) 掌握三相异步电动机星-三角形减压启动控制电路故障检查、分析及排除方法。

任务分析

根据三相异步电动机星-三角形减压启动控制电路图,能正确对电气故障进行判断、分析。使用仪表快速完成三相异步电动机星-三角形减压启动控制线路故障检查及排除。

基础知识

1. 电路工作原理

三相异步电动机星-三角形减压启动控制线路图如图 33-1 所示,工作原理参阅课题 26。

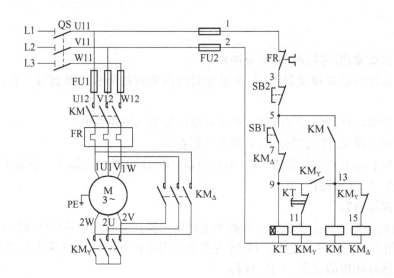

图 33-1 三相异步电动机星-三角形减压启动控制线路图

2. 主电路典型故障分析

该电路典型故障主要表现为星形起动缺相、三角形运转正常，星形起动正常、三角形运转缺相，星形起动及三角形运转均缺相等。

（1）星形缺相：

1）故障分析：电动机作星形起动时缺相而三角形运转时正常，说明电动机三相电源均正常，故障点应在星形并头的接触器 KM_Y 上，或连接导线上。

2）故障检查：用万用表电阻挡（最小电阻挡位）检查 KM_Y 主触点接触是否良好，触点有无烧毁；连接导线端有无松脱或断线；作星形连接的连接并头端有无松脱或断线。

3）故障排除：接触器触点有故障应予以修理或调换，导线松脱应予以紧固，断线应予以调换。

（2）三角形缺相：

1）故障分析：电动机作星形启动时正常，而三角形运行时缺相，说明电动机及三相电源正常，故障点应在三角形并头的接触器 $KM_\triangle$ 上，或连接导线上。

2）故障检查：用万用表电阻挡（最小电阻挡位）检查 $KM_\triangle$ 主触点接触是否良好，触点有无烧断；连接导线线端有无松脱或断线。

3）故障排除：接触器触点有故障应予以修理或调换，导线松脱应予以紧固，断线应予以更换。

（3）星形与三角形均缺相：

1）故障分析：电动机星形、三角形均缺相，故障范围较大，有以下几种可能：电源 W 相缺相，FU1 熔芯断，接触器 KM 主触点接触不良或烧断，热继电器 FR 热元件烧断，连接导线松脱或断线，电动机绕组断。

2）故障检查：用万用表交流电压 500V 挡测量接线端子 U1，V1，W1，U2，V2，W2 的线电压，如电压正常，故障在电动机绕组上，用万用表电阻挡测量电动机绕组是否断开；如接线端子上测量线电压不正常，则故障点在配电板上，用万用表查 FR、KM 的主电路，三相电源中 W 相电压是否正常。检查到哪一级电压不正常，则断开电源用万用表电阻挡检查 FU1 熔芯、KM

主触点、FR 热元件或连接导线是否断开。

3）故障排除：检查得出故障所在点后，予以修理或更换元件。拆换元件或紧固导线连接点的操作，必须断开电源并做好标记进行，避免扩大故障。

3. 控制电路典形故障分析

该电路典形故障主要表现为电动机无法起动、电动机为点动状态、电动机能星形启动而不能转换成三角形运转等。

（1）电动机无法启动：

1）故障分析：电动机无法启动分两种情况：一种是按 SB1 按钮，全无动作，则故障点可能是 FU2 熔断器的熔芯断，FR 热继电器控制动断触点断开；SB1，SB2 按钮损坏，接触器 $KM_\triangle$ 互锁常闭触点故障或连接导线松脱或断线；另一种是时间继电器 KT 线圈工作，但接触器 KM_Y、KM 不动作，电动机无法启动，故障点主要在时间继电器 KT 延时断开触点损坏；接触器 KM_Y 动合触点接触不良或连接导线松脱或断线；接触器 KM_Y、KM 线圈烧坏。

2）故障检查：用万用表交流电压 500V 电压挡测量 FU2 两端的电压，如不正常，断开电源用万用表电阻挡（最小电阻挡位）测量触点或连接导线是否正常。时间继电器 KT 线圈工作，电动机仍无法启动，用万用表电阻挡（最小电阻挡位）测量时间继电器 KT 延时触点、接触器 KM_Y 常开辅助触点及接触器 KM_Y，KM 线圈端线是否正常；接触器 KM_Y，KM 线圈是否烧断。

3）故障排除：按检查结果得出故障所在点后，予以修理元器件或更换电器元件，紧固连接导线或更换导线。

（2）电动机作点动运行：

1）故障分析：电动机作点动状态运行故障，分析时先闭合电源按下 SB1 不放，观察电动机星形启动转换三角形运行是否正常，则可判断故障范围。如果转换正常，则 KM 动合触点及 KM 自锁连线端有故障。

2）故障检查：断开电源，用万用表电阻挡（最小电阻挡位）测量 KM 动合触点及两端连线是否正常。

3）故障排除：经检查发现接触器触点接触不良予以修理，连接导线接触不良或断线予以紧固或更换导线。

（3）电动机星形启动正常，无法转换成三角形运行：

1）故障分析：电动机能作星形启动，不能作三角形运行，故障主要在 KM_Y 动断触点及连线断开，$KM_\triangle$ 线圈断开及线圈线端松脱及断线。

2）故障检查：用万用表电阻挡（最小电阻挡位）测量 KM_Y 动断触点及连线，$KM_\triangle$ 线圈及线圈线端。

3）故障排除：经检查，如发现接触器触点与线圈断开，予以修理或更换，连线接触不良或断线予以紧固或更换导线。

技能训练

一、技能训练要求（考核时间 30 分钟）

（1）根据给定的设备和仪器仪表，在规定时间内完成故障检查及排除工作，达到规定的要求。

（2）接通电源，自行判断工作现象，并将故障内容填入答题卷中。

(3) 根据故障现象,作简要分析,并填入答题卷中。

(4) 用万用表等工具进行检查,寻找故障点,将实际具体故障点填入答题卷中。

(5) 安全生产、文明操作。

二、技能训练内容

根据给定的三相异步电动机星-三角形启动控制电路模拟实训台和三相异步电动机星-三角形启动控制线路图,利用万用表等工具进行检查,对故障现象和原因进行分析,找出实际具体故障点。

三、技能训练使用的设备、工具、材料

三相异步电动机星-三角形启动控制电气控制电路模拟实训台;三相异步电动机星-三角形启动控制线路图;电工常用工具、万用表。

四、技能训练步骤

(1) 观察故障现象,并根据该故障现象,简要分析可能引起故障的原因。

(2) 用万用表进行检查,寻找故障点,排除故障(用万用表电阻挡测量时必须切断总电源)。

(3) 检修时,不得损坏电器元件,严禁扩大故障范围或产生新的故障。

(4) 观察故障现象,填写入卷,分析可能引起故障的原因。

五、技能考核

指出故障现象,分析故障发生的原因,写出实际故障点。

课题 34 三相异步电动机延时启动、延时停止控制电路故障分析与排除

教学目的

(1) 掌握三相异步电动机延时启动、延时停止控制电路故障分析及排除方法;

(2) 能执行电气安全操作规程。

任务分析

根据三相异步电动机延时启动、延时停止控制电路图,能正确对电气故障进行判断、分析。使用仪表快速完成三相异步电动机延时启动、延时停止控制电路故障检查及排除。

基础知识

1. 电路工作原理

三相异步电动机延时启动、延时停止控制电路图如图 34-1 所示,工作原理参阅课题 30。

2. 典型故障分析

典型故障分析见下表。

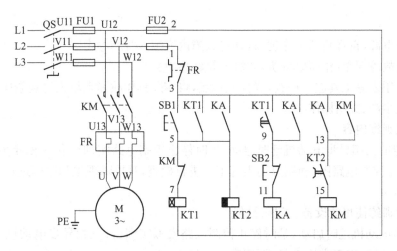

图 34-1　三相异步电动机延时启动、延时停止控制电路原理图

典型故障分析表

故 障 现 象	故障原因分析	排除故障方法
全部工作失灵	(1) 供电是否正常； (2) 熔丝是否损坏； (3) 热继电器是否过载保护； (4) 启动按钮 SB1 是否损坏； (5) 控制电路中公共电路连接导线是否损坏及各电气元件是否损坏	(1) 检查供电是否正常； (2) 检查熔丝是否损坏； (3) 检查热继电器是否过载保护； (4) 检查启动按钮 SB1； (5) 检查控制电路中公共电路连接导线、各电气元件
按下 SB1，电动机延时启动工作正常，按下停止 SB2 时，电动机停止失灵	(1) 中间继电器 KA、时间继电器 KT2、接触器 KM 的辅助触点是否熔焊； (2) 停止按钮 SB2 是否熔焊	(1) 检查中间继电器 KA、时间继电器 KT2、接触器 KM 的辅助触点； (2) 检查停止按钮 SB2
按下 SB1，电动机延时启动无自锁	(1) 中间继电器 KA、时间继电器 KT1 的辅助触点连接导线是否损坏； (2) 中间继电器 KA、时间继电器 KT1 的辅助触点是否损坏	(1) 检查 3 号线→ KA 常开→5 号线；3 号线→ KT1 常开→5 号线；3 号线→ KA 常开→9 号线；3 号线→ KM 常开→13 线，以上电路中连接导线； (2) 检查中间继电器 KA、时间继电器 KT2、接触器 KM 的辅助触点
按下 SB1 时，电动机延时启动工作失灵（KA 线圈不工作）	(1) 中间继电器 KA 线圈控制电路连接导线是否损坏； (2) 中间继电器 KA 线圈是否损坏	(1) 检查 3 号线→KT1 常开→9 号线→SB2 常闭→11 号线→KA 线圈→2 号线，以上电路中连接导线； (2) 检查中间继电器 KA 线圈

3. 故障检查

一般使用万用表、兆欧表、钳形电流表等仪表来进行检查。

技能训练

一、技能训练要求(考核时间 30 分钟)

(1) 根据给定的设备和仪器仪表，在规定时间内完成故障检查及排除工作，达到规定的要求。

（2）接通电源，自行判断工作现象，并将故障内容填入答题卷中。

（3）根据故障现象，作简要分析，并填入答题卷中。

（4）用万用表等工具进行检查，寻找故障点，将实际具体故障点填入答题卷中。

（5）安全生产、文明操作。

二、技能训练内容

根据给定的三相异步电动机延时启动、延时停止控制电路实训台和三相异步电动机延时启动、延时停止控制电路图，利用万用表等工具进行检查，对故障现象和原因进行分析，找出实际具体故障点。

三、技能训练使用的设备、工具、材料

三相异步电动机延时启动、延时停止控制电路模拟实训台；三相异步电动机延时启动、延时停止控制电路图；电工常用工具、万用表。

四、技能训练步骤

（1）观察故障现象，并根据故障现象，简要分析可能引起故障的原因。

（2）用万用表进行检查，寻找故障点，排除故障（用万用表电阻挡测量时必须切断总电源）。

（3）检修时，不得损坏电器元件，严禁扩大故障范围或产生新的故障。

（4）观察故障现象，填写入卷，分析可能引起故障的原因。

五、技能考核

指出故障现象，分析故障发生的原因，写出实际故障点。

课题 35　带抱闸制动异步电动机两地控制电路故障分析与排除

教学目的

（1）掌握带抱闸制动的异步电动机两地控制电路故障分析及排除方法。

（2）能执行电气安全操作规程。

任务分析

根据带抱闸制动的异步电动机两地控制电路图，能正确对电气故障进行判断、分析。使用仪表快速完成带抱闸制动的异步电动机两地控制电路故障检查及排除。

基础知识

1. 电路工作原理

带抱闸制动的异步电动机两地控制电路如图 35-1 所示，工作原理参阅课题 28。

2. 典型故障分析

典型故障分析见下表。

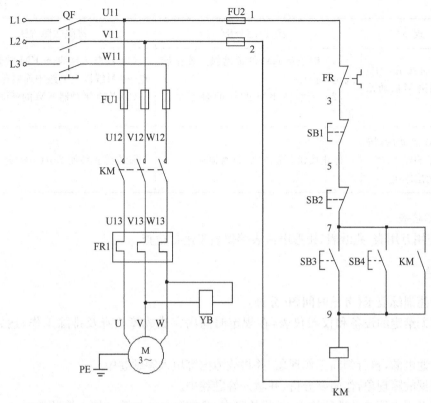

图 35 - 1 带抱闸制动的异步电动机两地控制电路原理图

典型故障分析表

故 障 现 象	故障原因分析	排除故障方法
全部工作失灵	(1) 供电是否正常； (2) 熔丝是否损坏； (3) 热继电器是否过载保护； (4) 停止按钮 SB1、SB2 是否损坏； (5) 接触器线圈是否损坏； (6) 控制电路中公共电路连接导线是否损坏及各电气元件是否损坏	(1) 检查供电是否正常； (2) 检查熔丝是否损坏； (3) 检查热继电器是否过载保护； (4) 检查停止按钮 SB1、SB2 是否断路； (5) 检查接触器线圈是否损坏 (6) 检查控制电路中公共电路连接导线、各电气元件
按下启动按钮 SB3，电动机 M 启动，按下停止 SB2 时，电动机 M 停止失灵。按下启动按钮 SB4，电动机无法启动	(1) 启动按钮 SB4 是否损坏； (2) 连接导线是否损坏	(1) 检查按钮 SB4 是否损坏； (2) 检查 7 号、9 号线是否断路
按下 SB4，电动机 M 启动，按下停止 SB2 时，电动机 M 停止失灵。按下启动按钮 SB3，电动机无法启动	(1) 启动按钮 SB3 是否损坏； (2) 连接导线是否损坏	(1) 检查按钮 SB3 是否损坏； (2) 检查 7 号、9 号线是否断路

（续表）

故障现象	故障原因分析	排除故障方法
按下启动按钮 SB3 (SB4)，电动机 M 启动无自锁	（1）接触器 KM 的辅助触点连接导线是否损坏； （2）接触器 KM 的辅助触点是否损坏	（1）检查 7 号线→ KM 常开辅助触点→9 号线以上电路中连接导线； （2）检查接触器 KM 的辅助触点
电动机 M 启动后，按下停止按钮 SB1（SB2），电动机 M 无法停止	停止按钮 SB1（SB2）是否损坏	检查停止按钮 SB1（SB2）是否损坏

3. 故障检查

一般使用万用表、兆欧表、钳形电流表等仪表来进行检查。

技能训练

一、技能训练要求（考核时间 30 分钟）

（1）根据给定的设备和仪器仪表，在规定时间内完成故障检查及排除工作，达到规定的要求。

（2）接通电源，自行判断工作现象，并将故障内容填入答题卷中。

（3）根据故障现象，作简要分析，并填入答题卷中。

（4）用万用表等工具进行检查，寻找故障点，将实际具体故障点填入答题卷中。

（5）安全生产、文明操作。

二、技能训练内容

根据给定的带抱闸制动的异步电动机两地控制电路实训台和带抱闸制动的异步电动机两地控制电路图，利用万用表等工具进行检查，对故障现象和原因进行分析，找出实际具体故障点。

三、技能训练使用的设备、工具、材料

（1）带抱闸制动的异步电动机两地控制电路模拟实训台。

（2）带抱闸制动的异步电动机两地控制电路图。

（3）电工常用工具、万用表。

四、技能训练步骤

（1）观察故障现象。

（2）根据故障现象，简要分析可能引起故障的原因。

（3）用万用表进行检查，寻找故障点。

（4）排除故障。

（5）检修时，不得损坏电器元件，严禁扩大故障范围或产生新的故障。

（6）用万用表电阻挡测量时必须切断总电源。

（7）观察故障现象，填写入卷。根据故障现象，简要分析可能引起故障的原因。

五、技能考核

指出故障现象，分析故障发生的原因，写出实际故障点。